U0320956

AMELIORATION AND UTILIZATION OF
COLD WATERLOGGED PADDY FIELD IN FUJIAN

福建冷浸田改良与利用

◎ 王 飞 李清华 林新坚 等 著

中国农业科学技术出版社

图书在版编目（CIP）数据

福建冷浸田改良与利用／王飞等著．—北京：中国农业科学技术出版社，2017.7
ISBN 978-7-5116-3174-9

Ⅰ.①福… Ⅱ.①王… Ⅲ.①水田-土壤改良-研究-福建 Ⅳ.①S157.3

中国版本图书馆 CIP 数据核字（2017）第 168274 号

责任编辑	李　雪　徐定娜
责任校对	李向荣

出 版 者	中国农业科学技术出版社
	北京市中关村南大街 12 号　邮编：100081
电　　话	（010）82109707　82105169（编辑室）
	（010）82109702（发行部）　（010）82109709（读者服务部）
传　　真	（010）82109707
网　　址	http：//www.castp.cn
经 销 者	各地新华书店
印 刷 者	北京科信印刷有限公司
开　　本	787mm×1 092mm　1/16
印　　张	10
字　　数	231 千字
版　　次	2017 年 7 月第 1 版　2017 年 7 月第 1 次印刷
定　　价	36.00 元

《福建冷浸田改良与利用》
著作人员

王　飞　李清华　林新坚　林　诚　何春梅

方　宇　邱珊莲　林　琼　李　昱　钟少杰

黄建诚　刘启鹏　余广兰

前　言

现代农业生产中，土壤自身的因素对作物生产力的影响越来越明显，优良品种潜力的发挥、栽培措施的实施、水肥资源的合理利用等都越来越强烈地依赖土壤改良和地力的提升，所以加强土壤障碍因子削减与培肥利用技术的研究显得尤为重要。

冷浸田为江南稻广泛分布的一类中低产田，具有冷、烂、锈、瘦等障碍特征，水稻产量比一般稻田低 1 500~2 250kg/hm²。江南冷浸田面积在 200 万 hm² 以上，以赣、湘、闽、云、贵、川、粤、桂等省（自治区）面积较大，浙、鄂、皖和苏等地也有分布。冷浸田生产水平低、破碎度高而撂荒严重，但因增产潜力大、自然生态条件优越而日益受到关注。福建冷浸田调查与治理技术研究主要始于 20 世纪 50 年代末。当时首次开展土壤普查，对冷浸田进行了农业土壤分类，包括烂浆田、冷水田、锈水田等类型。这时期冷浸田的治理以改良土壤水分状况和增加肥料营养为中心，但受制于整体低下的生产力水平，水稻产量仅维持在 3 000~3 750kg/hm²。20 世纪 70 年代以来，通过开展群众性的农田基础建设和土地平整，提出开"四沟"（截洪沟、排泉沟、排水沟、灌溉沟），排"四水"（山洪水、冷泉水、毒锈水、串灌水）等工程措施，同时推广杂优水稻、补充磷钾肥等措施，产量提升到 4 500~5 250kg/hm²。进入 21 世纪，高标准农田建设项目着重山、水、田、林、路综合治理，农艺措施多关注施肥、垄畦栽培等技术，但由于冷浸田分布广、类型多样，其农田环境与土壤特性、演变规律与农业生物改良技术等尚缺乏系统研究，对因地制宜利用冷浸田开展高值利用尚缺乏集成技术的支撑。

2010 年，农业部、财政部启动了公益性行业（农业）科研专项"江南地区冷浸田治理技术研究与示范（201003059）"。依托该项目，课题组系统地开展了福建区域冷浸田研究并取得如下主要成果：（一）开展了福建冷浸田主要分布区域的调查与评价，提出了不同类型冷浸田鉴别诊断方法，揭示了冷浸田土壤与环境主要障碍因子特性及其成因，构建了质量评价最小数据集；（二）基于已改造 30 年的冷浸田深窄沟排水改良原位观测平台，系统揭示了冷浸田长期排水不同离沟距离的地下水位与土壤肥力特性演变规律；（三）以治潜改土提升生产力为目标，提出了冷浸田改良利用的水旱轮作、再生稻耕作制、水肥耦合、有机无机改良剂、控氮增磷补钾与营养诊断等关键技术；筛选出适宜冷浸田栽培的水稻品种；阐明了冷浸田土壤结构、有机质与水肥协同改善提升稻田生产力的机制；（四）针对冷浸田不同潜育化程度、水利条件与区域特色，集成了冷浸田综合治理高效利用的 3 种主要模式与相应配套技术。本书是基于上述研究成果的系统总结。

本书得到公益性行业（农业）科研专项、福建省地力培育工程技术研究中心、福建省属公益类科研院所基本科研专项、福建省农业科学院创新团队项目等资助。在此一并表示感谢。

本书著作过程力求数据准确可靠，分析深入浅出，但鉴于水平有限，书中难免有不足之处，望读者批评指正。

作　者

2017 年 6 月

内容简介

本书以福建省广泛分布的中低产冷浸田为研究对象，在系统总结冷浸田土壤与环境特征、土壤质量演变及改良利用等相关研究成果的基础上撰写而成。全书共分 15 章，第 1 章介绍福建冷浸田分布与成因，第 2 章为冷浸田农田环境与小气候特征，第 3~5 章为冷浸田土壤障碍、地力特征及质量评价，第 6~7 章为冷浸田工程脱潜改良调查及理论技术，第 8~13 章为冷浸田农艺及生物改良理论与技术，第 14 章为冷浸田改良利用集成技术模式，第 15 章为冷浸田改良与可持续利用策略。

本书内容丰富，图文并茂，在土壤改良利用方面具有较强的理论性与实践性，可供从事土壤学、植物营养学、农学、作物栽培学、生态学、环境科学等领域的科技工作者以及相关管理部门工作人员阅读和参考。

目　　录

1　福建冷浸田分布与成因

随着城镇化、工业化进程的加速，我国耕地面积刚性减少，人地矛盾进一步加剧。受土地资源的约束，当前依赖增加耕地面积来提高粮食总产的目标已不现实，但通过提高粮食单产来提高粮食总产仍有较大潜力。耕地质量是影响粮食单产水平的重要因素，也是良种、良法潜力发挥的基础。然而，我国单位面积耕地的产量差异较大，约40%的耕地为中产田，30%的耕地为低产田，其中低产田存在障碍因子，改良难度大，在很大程度上制约了我国粮食持续增产（曾希柏等，2014）。江南冷浸田属典型低产田，因其分布广泛、破碎度高而撂荒严重，但因其增产潜力大、自然生态条件优越而日益受到关注。福建省是江南冷浸田的主要分布区域。本研究开展冷浸田分布特征、识别及成因分析，以期为区域冷浸田改良与利用提供科学依据。

1.1　冷浸田空间分布特征

冷浸田是指常年冷泉水淹灌或终年积水，土体存在"冷、渍、烂、锈"等为主要障碍特征的一类水田。主要分布在山区丘陵谷地、平原湖沼低洼地，以及山塘、水库堤坝下部等区域。江南冷浸田面积在200万 hm^2 以上，以赣、湘、闽、云、贵、川、粤、桂等省（自治区）面积较大，浙、鄂、皖、苏和中国台湾等地也有分布（刘光荣等，2014）。本文基于GIS技术，利用土地利用现状图与土壤类型分布图，并结合面上调查，制作出福建冷浸田空间分布图件（图1-1）。调查结果表明，福建冷浸田面积约16.39万 hm^2，占全省耕地面积的12%，主要分布于南平、三明、福州地区，其中南平地区约占全省冷浸田总面积的50%（表1-1）。从各县市冷浸田分布面积来看，主要分布在建阳、顺昌、建瓯、武夷山等（县、市）（表1-2）。

表 1-1　福建省设区市冷浸田分布面积

冷浸田	福州	龙岩	南平	宁德	莆田	泉州	三明	厦门	漳州
面积（hm^2）	15 284.6	12 792.1	82 550.1	8 221.0	1 254.2	13 800.9	25 328.8	587.5	4 039.3
所占比重（%）	9.3	7.8	50.4	5.0	0.7	8.4	15.5	0.4	2.5

福建省冷浸田分布图

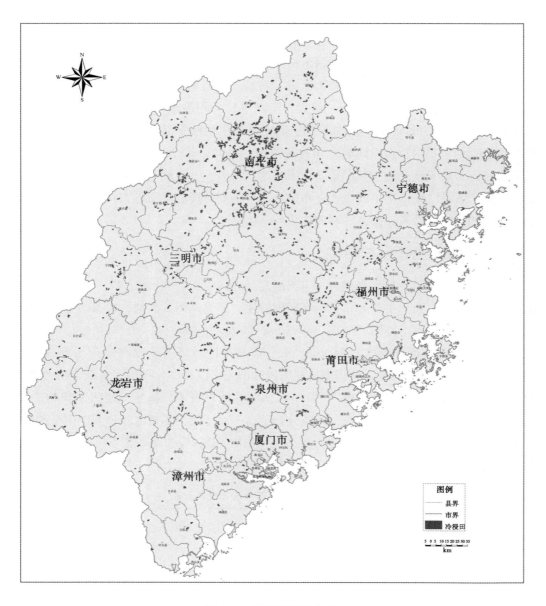

图1-1 福建冷浸田分布

表 1-2 福建省各县（市、区）冷浸田分布面积

地区	县（市、区）	面积（hm²）	地区	县（市、区）	面积（hm²）
福州	福清	442.8	莆田	莆田	210.9
	福州	948.1		仙游	1 043.3
	连江	659.0	泉州	安溪	5 806.4
	罗源	617.5		德化	4 180.4
	闽侯	3 406.4		南安	3 443.2
	闽清	5 320.3		永春	400.9
	永泰	3 890.5		大田	3 228.1
龙岩	长汀	1 451.3		建宁	1 052.9
	连城	599.2		将乐	3 045.5
	新罗	715.6		明溪	4 053.1
	上杭	2 772.5		宁化	3 646.7
	武平	2 598.3	三明	清流	460.3
	永定	834.7		三明	392.3
	漳平	3 820.5		沙县	1 670.9
南平	光泽	2 452.4		泰宁	4 407.2
	建瓯	12 983.0		永安	1 727.8
	建阳	26 425.2		尤溪	1 644.0
	延平	6 639.4	厦门	同安	587.5
	浦城	5 523.8		长泰	644.5
	邵武	5 183.4		东山	233.6
	顺昌	13 005.2		华安	206.6
	松溪	1 962.9		龙海	497.5
	武夷山	7 802.9	漳州	南靖	507.4
	政和	571.9		平和	424.0
	福安	514.4		云霄	714.2
	古田	2 772.2		漳浦	346.4
宁德	蕉城	102.0		诏安	465.1
	屏南	1 868.6			
	寿宁	724.7			
	霞浦	359.0			
	柘荣	84.3			
	周宁	1 795.8			

1.2 冷浸田分类与诊断识别

冷浸田为习惯称谓，在中国土壤分类系统中属于潜育性水稻土亚类，在中国土壤系统分类中属于水耕人为土亚纲下的潜育水耕人为土土类。根据形成条件和土体的不同，可将冷浸田分为烂泥田、冷水田、冷底田、毒田和高地冷浸田 5 类（《中国农业土壤概论》编委会，1982）。龚子同等根据诊断层潜育层的位置、厚度和发育程度将潜育性水

稻土划分为全层潜育、上位潜育、下位潜育、犁底层潜育和中位潜育 5 个类型（龚子同等，1990）。近年来，也有从治理利用角度，根据冷浸田有无犁底层，将无犁底层的冷浸田分为：山垅烂泥田、低洼烂泥田和锈水烂泥田，而有犁底层的冷浸田则初步分为低洼冷水田、钙质冷水田、泥质冷水田、砂质冷水田、矿毒冷水田等（吕豪豪等，2015）。

在第二次土壤普查中，福建省土壤普查办公室根据土壤水分状况和烂泥层厚度，将冷浸田分为青泥田、冷水田、锈水田，浅脚烂泥田和深脚烂泥田 5 个土种。其中，烂泥田是根据烂泥层厚度来划分的，以 30cm 厚度作为深脚和浅脚区分依据。此外，还可根据不同土种来分类，将冷水田、浅脚烂泥田、深脚烂泥田及部分青泥田、泥炭底灰泥田等划为冷浸田（黄兆强，1996）。

为进一步开展分类治理，基于福建省冷浸田已有的分类基础，本文依据诊断层与诊断特性、地形部位、水文地质、成土母质、成因类型等特征，提出综合诊断识别冷浸田类型的方法与规范（表 1-3）。

表 1-3　福建冷浸田类型划分与诊断识别方法

项目	深脚烂泥田	浅脚烂泥田	冷水田	锈水田	青泥田
地形部位	山垅低洼地，支垅交汇处，坡脚泉眼涌出处，原坑塘或旧河道填方处	山地丘陵间山垅低地，山脚低地，常年浸冬梯田	山地丘陵间狭窄山坑梯田	山脚或高坎下地下水溢出或泉眼涌出区域	山前倾斜平原交接洼地及冲积平原低凹地、山垅谷地烂泥田开沟排水治理区
水文地质	地表积水或浅位地下水常年涝渍	常年引山涧水或溪水，长期地表积水串流漫灌，地下水位在 0.4m 以下	山涧冷泉水串灌	侧向漂洗地下水或泉水浸渍	地表排水不便，浅中位地下水浸润
成土母质	坡积物、洪积物、堆积物	坡积物、洪积物	坡积物	坡积物、洪积物	冲洪积物、坡积物、堆积物
主要成因	常年地下水浸渍，土体强潜育化	常年地表水浸渍，土体表层土壤潜育化	山高林荫日蔽，光照短，冷泉水串灌，季节性土壤表层潜育化	漂洗地下水或泉水常年浸渍，土体上层土壤潜育化	土体排水不良，脱潜不彻底，土体下层土壤潜育化
诊断层、诊断特性及土体构型	青灰色烂泥层厚度 $\geq$ 0.3m，$A_{(g)}^{1\ 2}$－G^3	青灰色烂泥层厚度 < 0.3m，$A_{(g)}$－G 或 $A_{(g)}$－$P_{(g)}^4$－G	水土温度低，犁底层下为潜育层，$A_{(g)}$－$P_{(g)}$－G 或 $A_{(g)}$－$P_{(g)}$－C^5	水层表面有铁锈膜，表土层有絮状胶体淀积，$A_{(g)}$－$P_{(g)}$－G 或 $A_{(g)}$－$P_{(g)}$－C	土体尚存潜育特性，但出现潴育化雏形特性，$A_{(g)}$－$P_{(g)}$－G 或 $A_{(g)}$－$P_{(g)}$－C

注：A-耕作层；g-因氧化还原交替而形成的锈斑纹；G-潜育层；P-犁底层；C-母质层。

1.3　冷浸田成因分析

冷浸田形成是气候、地形、水文、人为管理等综合作用的结果。从气候条件来看，福建气候温暖，雨量充沛，水资源丰富。福建省烂泥田每公顷的平均集水面积为 $9.8hm^2$，而一般田块仅 $0.1hm^2$（林增泉等，1980）。由于集水面积大，降雨的地面水和丰富的地下水向洼地汇集。从地形位置来看，冷浸田多发生于山垄谷地，地形起伏狭窄，如福建山垄田开阳率（垅开阔度/垅相对高度）多小于 5，导致山高林荫日蔽，日照时数短，水土温度低（罗涛等，2013；杨利等，1998）；从水文特性来看，冷浸田多引山涧冷泉水灌溉，或测渗水多，地下水位高，一般在 50cm 以上，甚至溢出地表淹灌稻田，土壤还原作用占绝对优势，加剧了铁、锰氧化物的还原淋溶，导致土体糜烂，氧化还原电位明显降低，一般在 150mV 以下，土体剖面呈青灰色，呈冷、烂、毒状态，不利于植株生长发育；从农业生产条件与人为管理来看，冷浸田多分布于丘陵山区，耕地分散，交通不便，农田基础设施薄弱，水层长年漫流串灌，或者长期浸冬管理，也有沟渠因年久失修，造成沟渠堵塞，造成次生潜育化。总体而言，多重综合因素形成了福建冷浸田广泛分布的现状。由于受诸多障碍因子的影响，冷浸田水稻产量比一般稻田低 $1\,500\sim2\,250kg/hm^2$（熊明彪等，2002）。

1.4　冷浸田治理利用现状

冷浸田治理与利用普遍存在治理难度大、治理费用高、先进农艺技术储备少、集成技术薄弱等问题。福建冷浸田调查与治理技术研究主要开始于 20 世纪 50 年代末，当时首次开展土壤普查，对冷浸田进行了农业土壤分类，根据渍水程度与自然属性，分为烂浆田、冷水田、锈水田和石沙田等类型。这时期对冷浸田治理提出应以改良土壤水分状况为前提、以增加肥料营养为中心的原则，但受制于整体低下的生产力水平，水稻产量仍较低，维持在 $3\,000\sim3\,750kg/hm^2$ 水平（彭嘉桂，1985）。20 世纪 70 年代以来，生产上开展了群众性的农田基本建设，提出开"四沟"（截洪沟、排泉沟、排水沟、灌溉沟）、排"四水"（山洪水、冷泉水、毒锈水、串灌水）的工程措施，同时推广杂优水稻、补充磷钾肥等措施，产量有了较大提升，产量可达到 $4\,500\sim5\,250kg/hm^2$。进入 21 世纪以来，高标准农田建设项目着重开展山、水、田、林、路等综合治理，农艺措施多关注施肥、垄畦栽培等技术措施对水稻产量的影响，但由于冷浸田分布面广、类型多样，对冷浸田环境与土壤特性、演变规律与农业生物改良技术等尚缺乏系统研究与集成技术。

冷浸田工程治理是有效的改良措施。面上调查表明，冷浸田通过开沟与暗管工程改造对削减障碍因子、改善土壤理化性状与提高水稻产量成效明显。但冷浸田工程治理比常规稻田土地整理工程难度大，大型农业机械甚至难以发挥作用。虽然近 20 年来福建各地农业生产条件都得到不同程度的改善，但抵御滞涝的能力依然薄弱，冷浸田工程改造投入方面仍显不足，尚没有从根本上解决农田水利建设长期以来存在的"投入少、项目散、发展慢"问题。课题组调查发现，在工程治理方面也普遍存在沟渠工程配套不完善、工程沟渠缺乏后期人为维护而返潜等问题。在农技措施方面，以往研究表明，应用垄畦栽、平衡施肥等技术可改良土壤、提高冷浸田生产力。但限于当时的研究手段、技术水平、农业政策和社会经济条件，福建省冷浸田改良技术研究集成程度较低，农田利用方式还较为粗放、落后，不少冷浸田被抛荒，严重制约着福建紧缺的耕地资源利用。随着农业生产形势的变化，以往冷浸田改良技术已难以满足现代农业发展的需求，需要从政策、经济、技术、生态等多方措施来提高冷浸田的综合治理与高效利用水平。

1.5　本章小结

冷浸田具有"冷、渍、烂、锈"的特征，是福建省主要的中低产田类型，约占福建水稻土面积的12%，以南平地区面积最大。冷浸田形成是气候、地形、水文、人为管理等综合作用的结果，包括雨量充沛、地形地伏、冷泉水灌溉与人为漫流串灌等。依据诊断层与诊断特性、地形部位、水文地质、成因类型等特征，提出综合识别冷浸田类型的方法与规范，为进一步分类治理奠定了基础。当前冷浸田治理与利用，普遍存在治理难度大、治理费用高、先进农艺技术储备少、集成技术薄弱等问题，为满足现代农业发展需求，需要采取政策、经济、技术、生态等综合措施以提高冷浸田的治理与高效利用水平。

参考文献

福建省土壤普查办公室.1991.福建土壤［M］.福州：福建科学技术出版社.

龚子同，张效朴，韦启璠.1990.我国潜育性水稻土的形成、特性及增产潜力［J］.中国农业科学，23（1）：45-53.

黄兆强.1996.福建冷浸田的低产因素及其改良利用［J］.中国土壤与肥料，（3）：13-15.

林增泉，陈家驹，郑仲登.1980.冷浸田的特性和改良途径［J］.福建农业科技，（6）：4-6.

刘光荣，徐昌旭.2014.江南地区冷浸田治理技术研究与应用［M］.北京：中国农业出版社.

吕豪豪，刘玉学，杨生茂，等.2015.南方地区冷浸田分类比较及治理策略［J］.浙江农业学报，27（5）：822-829.

罗涛，王飞.2013.福建农业资源与生态环境发展研究［M］.北京：中国农业科学技术出版社.

彭嘉桂.1985.福建省山垄冷浸田研究现状和展望［J］.福建农业科技，（5）：40-42.

熊明彪，舒芬，宋光煜，等.2002.南方丘陵区土壤潜育化的发生与生态环境建设［J］.生态环境学报，11（2）：197-201.

杨利，赵书军，邓银霞，等.1998.湖北省丘陵区冲垅冷浸田的危害特点与利用改良［J］.湖北农业科学，（5）：24-27.

曾希柏，张佳宝，魏朝富，等.2014.中国低产田状况及改良策略［J］.土壤学报，51（4）：675-682.

《中国农业土壤概论》编委会.1982.中国农业土壤概论［M］.北京：农业出版社.

2 冷浸田农田环境与小气候特征

冷浸田形成是气候、地形、水文等综合作用的结果。为进一步摸清冷浸田生境条件、掌握同一流域冷浸田与非冷浸田生境的差异,为针对性地提出冷浸田治理措施提供依据,以福建闽侯典型冷浸田为例,通过农田地下水位监测装置与野外自动气象监测系统开展连续监测比较,以明确同一小流域内冷浸田与非冷浸田的地下水位与农田小气候生境特征及其差异,进而为冷浸田改良提供科学依据。

研究区以灰泥田(属潴育型水稻土)为对照,分别在灰泥田与冷浸田上安装 TRM-ZS2 型农田小气候自动气象站(锦州阳光气象科技有限公司生产)各 1 套(图 2-1),自动监测环境温度、环境湿度、地温、光合有效辐射等农田小气象要素。另在灰泥田与冷浸田观测点分别安装农田地下水位监测装置(课题组试制 ZL201120062566.9,图 2-2)。监测管由 PVC 管材制作而成,其筒状体长 150cm,上开口设有密封盖,筒状体下部周侧开设有渗水孔,渗水孔外围包覆有防止渗水孔堵塞的棕毛滤网。埋管时,管体埋入田面下 100cm,管体露出田面 50cm,并将周围土壤沿管体堆高,防止受地表径流影响,每 10 d 监测 1 次地下水位。农田自动气象站与地下水位测管监测时间为 2011 年 5月至 2013 年 4 月,历时 2 年。

图 2-1 野外自动气象监测站

2.1 冷浸田地下水位变化与化学成分特征

对发育于同一流域的垅中冷浸田与垅口灰泥田进行连续地下水位监测,结果表明,

图 2-2　农田地下水位监测装置

灰泥田地下水位变化范围为地表之下 1.1~48.0cm，平均 23.4cm，而相应的冷浸田地下水位变化范围为地表之上 17.3 ~ 36.3cm，平均 25.9cm，较灰泥田地下水位平均高 49.3cm（图 2-3）。从季节性变化来看，冷浸田春季、夏季、秋季、冬季的地下水位分别为地表之上 28.6cm、31.9cm、22.3cm、20.8cm，比灰泥田分别高出 41.3cm、46.8cm、63.3cm、46.1cm。可以看出，冷浸田地下水位波动较小，且长期渍水于地表之上 10~40cm，导致土壤长期处于还原状态，而非冷浸田地下水位波动较大，变化于地表之下 0~50cm，土壤常处于干湿交替与氧化—还原交替状态，从而有利于土壤渗育或潴育化过程，这是灰泥田与冷浸田土壤发生过程的主要差异。

高浓度的 Fe^{2+} 胁迫能明显抑制水稻地上部和根系的生长、降低下位叶片叶绿素含量（蔡妙珍等，2002）。对灰泥田与冷浸田地下水还原性物质总量与 Fe^{2+} 监测表明（表 2-1），冷浸田地下水还原性物质总量与 Fe^{2+} 含量均高于灰泥田，其中还原性物质总量是灰泥田的 2.8 倍，而 Fe^{2+} 则是 1.8 倍，从中表明，与灰泥田相比，冷浸田地下水位高且伴随强还原性特征。

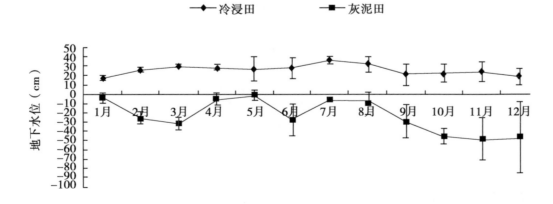

图 2-3　农田地下水位动态变化

表2-1 冷浸田与灰泥田地下水化学特征比较

土壤类型	还原性物质总量（cmol/kg）	Fe^{2+}（mg/L）
灰泥田	0.098	0.469
冷浸田	0.272	0.846

2.2 冷浸田光合有效辐射变化特征

光合有效辐射是太阳辐射中能被绿色植物用来进行光合作用的那部分能量，它是植物生命活动、有机物质合成和产量形成的能量来源（滕林等，2010）。连续两年的监测结果表明（表2-2），同一流域冷浸田与灰泥田的光合有效辐射呈显著差异（$P<0.05$），冷浸田的光合有效辐射年均值较灰泥田降低20.9w/m^2，降幅26.9%。另从福建单季稻区水稻生育期（6—10月）来看，冷浸田水稻生育期平均光合有效辐射较灰泥田降低48.2w/m^2，降幅39.0%，降幅明显高于年均值。冷浸田光合有效辐射较低，这主要与周围山地对谷地冷浸田遮蔽而影响光照有关。

表2-2 冷浸田与灰泥田光合有效辐射量比较 （单位：w/m^2）

土壤类型	项目	1月	2月	3月	4月	5月	6月	7月	8月	9月	10月	11月	12月
灰泥田	均值	22.5	29	45.5	50.5	99	106	188.5	169	88.5	65.5	41.5	28.5
	最大值	237.5	315.5	284	364.5	715	487	819	670	648.5	364	308	252.5
	最小值	0	0	0	0	0	0	0	0	0	0	0	0
冷浸田	均值	27.5	32.5	52	49	83.5	79.5	95	90	61	51	31.5	30
	最大值	273	370	365.5	431.5	629	611.5	577	543.5	475.5	419.5	388	299
	最小值	0	0	0	0	0	0	0	0	0	0	0	0
均值t检验（$n=24$）		2.19*											

2.3 冷浸田环境温、湿度变化特征

环境温度监测结果表明（表2-3），相近区域冷浸田与灰泥田年月均温环境气温无明显差异，但从福建单季稻区6—10月水稻生育期来看，冷浸田较灰泥田6—10月的平均气温降低0.6℃，这可能对谷地冷浸田的水稻生长造成一定影响。

表2-3 冷浸田与灰泥田环境温度比较 （单位:℃）

土壤类型	项目	1月	2月	3月	4月	5月	6月	7月	8月	9月	10月	11月	12月
灰泥田	均值	9.9	11.5	14.2	18.0	22.7	27.0	29.1	29.3	25.2	20.4	17.3	11.7
	标准差	3.6	4.4	5.4	4.7	4.1	4.3	4.3	4.2	4.2	4.3	3.8	4.4
	最大值	22.4	26.8	31.4	41.3	33.8	38.6	39.8	38.3	36.6	31.7	29.3	25.1
	最小值	0.3	4.4	1.8	4.5	15.8	18.1	22.3	21.9	15.2	9.6	6.2	-2.3

（续表）

土壤类型	项目	1月	2月	3月	4月	5月	6月	7月	8月	9月	10月	11月	12月
冷浸田	均值	10.4	12.9	15.4	19.0	22.2	26.3	28.2	27.2	25.4	20.8	17.6	12.3
	标准差	3.9	4.4	5.4	4.4	4.0	3.4	3.8	3.4	3.1	4.1	3.7	4.3
	最大值	22.8	26.6	31.1	31.5	34.3	37.0	39.1	37.2	34.5	31.9	29.4	25.4
	最小值	1.3	5.0	3.2	6.1	13.3	18.8	22.0	20.6	18.6	11.2	7.0	-1.2
均值 t 检验（$n=24$）						0.409							

从环境湿度来看（表2-4），冷浸田的环境湿度明显高于灰泥田（$P<0.05$），其年均环境相对湿度较灰泥田高出3.2%，可能原因是：一方面冷浸田所处山垅阴蔽，水气不易散发，另一方面冷浸田长年处于土壤水分饱和状态，受水面蒸发的影响，水分易逸入空气而形成较高的空气湿度。

表2-4　冷浸田与灰泥田环境相对湿度比较　　　　　　　　（单位:%）

土壤类型	项目	1月	2月	3月	4月	5月	6月	7月	8月	9月	10月	11月	12月
灰泥田	均值	80.9	76.9	74.7	78.0	80.2	77.6	81.6	78.5	81.9	81.6	78.8	79.4
	标准差	10.8	10.2	11.7	14.2	12.7	14.3	11.8	12.3	9.3	8.6	12.9	12.8
	最大值	93.4	90.5	88.5	97.8	94.7	93.7	93.5	92.4	92.1	92.3	91.7	91.4
	最小值	50.5	44.9	35.5	43.1	40.0	29.1	38.1	27.0	46.9	46.7	28.7	28.0
冷浸田	均值	83.6	84.7	81.0	79.8	76.7	80.6	83.7	82.1	87.1	87.3	81.0	80.8
	标准差	13.9	13.2	14.0	11.8	7.6	14.2	13.1	14.5	11.8	10.8	16.7	16.6
	最大值	100.0	100.0	98.4	96.3	87.9	100.0	100.0	100.0	100.0	100.0	100.0	100.0
	最小值	44.2	39.5	43.1	57.7	38.5	42.5	27.2	51.8	47.5	29.0	26.2	14.7
均值 t 检验（$n=24$）						3.09**							

2.4　冷浸田土壤温度变化特征

监测表明（表2-5），冷浸田与灰泥田年月平均地表温度、5cm地温、10cm地温、15cm地温差异不明显，但从单季稻区水稻生育期来看，同一流域6—10月的冷浸田平均地温均低于灰泥田的，其地表温度、5cm地温、10cm地温、15cm地温分别比灰泥田低0.4℃、0.4℃、0.5℃、0.6℃。另从表中可看出，水稻生育期地温差异主要表现在9—10月期间，时值水稻抽穗、灌浆至成熟期，上述冷浸田与灰泥田不同深度地温分别相差0.7℃、0.8℃、0.8℃、1.0℃，均高于生育期各平均地温差异。对于福建中晚稻而言，生育前期6—7月份气温较高，温度并不构成水稻生长的限制因子，而生育后期抽穗至灌浆为产量形成的关键时期，此间气温由高渐低，水稻易受寒露风的威胁，冷浸田水稻生育后期降温快，可能对水稻光合产物的积累造成不利影响（李平等，1994）。

表 2-5　冷浸田与灰泥田土壤温度比较 （单位：℃）

月份	地表温度		5cm 地温		10cm 地温		15cm 地温	
	灰泥田	冷浸田	灰泥田	冷浸田	灰泥田	冷浸田	灰泥田	冷浸田
1 月	12.6	13.3	13.0	13.9	13.4	14.4	13.8	14.7
2 月	13.8	15.3	14.0	15.4	14.2	15.7	14.3	15.7
3 月	15.4	17.9	15.3	17.9	15.4	17.9	15.4	17.8
4 月	18.6	21.0	18.4	20.7	18.3	20.5	18.2	20.2
5 月	23.9	24.6	23.4	24.4	23.1	24.0	22.8	23.7
6 月	27.9	27.9	27.2	27.5	26.8	27.0	26.4	26.6
7 月	29.7	29.3	29.2	28.9	29.0	28.6	28.7	28.1
8 月	29.9	29.5	29.6	29.2	29.5	29.0	29.2	28.6
9 月	27.0	26.1	27.0	26.1	27.0	26.1	27.0	26.0
10 月	22.1	21.6	22.5	21.8	22.8	22.1	23.1	22.2
11 月	19.3	19.4	19.8	19.7	20.6	20.0	21.0	20.2
12 月	14.4	14.9	15.3	15.5	15.9	16.0	16.3	16.4
均值 t 检验 ($n=24$)	1.76		1.89		1.58		1.27	

2.5　本章小结

对同一小流域冷浸田与非冷浸田（灰泥田）地下水位与农田小气候生境特征定位监测结果表明，灰泥田地下水位常年波动较大，主要发生在地表之下 0~50cm，而相应的冷浸田地下水位波动较小，主要分布在地表之上 10~40cm，较灰泥田常年平均高出 49.3cm。冷浸田地下水还原性物质总量是灰泥田的 2.8 倍，Fe^{2+} 则是灰泥田的 1.8 倍。冷浸田光合有效辐射年均值较灰泥田降低 26.9%，达显著差异水平（$P<0.05$）。冷浸田单季稻生育期（6—10 月）平均地表温度、5cm 地温、10cm 地温、15cm 地温分别比灰泥田低 0.4℃、0.4℃、0.5℃、0.6℃，尤其是 9—10 月的抽穗灌浆期地温与灰泥田差异进一步加大；其单季稻生育期平均气温均也较灰泥田低 0.6℃。由此可见，山垅冷浸田地下水位高并伴随强还原性、较低的光合有效辐射以及水稻生育后期地温下降较快是区别于非冷浸田的重要生境特征，这可能是构成冷浸田生产力低下的重要原因。

参考文献

蔡妙珍，林咸永，罗安程，等 . 2002. 过量 Fe^{2+} 对水稻生长和某些生理性状的影响

［J］．植物营养与肥料学报，8（1）：96-99.

李平，王以柔，陈贻竹，等．1994.低温对杂交水稻乳熟期剑叶光合作用和光合产物运输的影响［J］．植物生态学报（英文版），36（1）：45-52.

滕林，程智慧，赖琳玲，等．2010.基于温度和太阳辐射的番茄果型果径模拟模型［J］．西北农业学报，19（5）：141-144.

3 冷浸田土壤属性特征与质量评价

20 世纪 80 年代全国第二次土壤普查时，福建曾开展过冷浸田土壤理化特性调查研究。当前时间已过去三十多年，耕作制度和施肥水平等管理方式都发生了明显变化，导致土壤物理、化学、生化特性随之发生改变。因此，系统了解当前农业生产条件下福建冷浸田土壤属性特征对科学改良与利用该类型土壤是十分重要的。另外，虽然土壤质量评价研究已在国内外普遍开展，一些评价方法如灰色系统理论、模糊数学、主成分分析、人工神经网络以及隶属度函数等已得到广泛应用（Gil-Sotres F *et al*，2005；Velasquez E，*et al*，2005；徐建明等，2010），但对评价中的参数选择仍较为模糊，尤其是涉及评价因子最小数据集（Minimum Data Set，MDS）的确定。以往研究表明，在评价中筛选出能体现土壤肥力最小数据集指标是保证整个土壤肥力质量评价成功的基础（郑立臣等，2004）。对区域冷浸田而言，同一微地貌单元内的非冷浸田土壤肥力是其参照改良的方向，通过与邻近非冷浸田土壤理化、生化特性比较，既可明确冷浸田土壤障碍因子，为治理措施选择提供依据，又可进一步筛选出特殊环境下形成的冷浸田所具有的独特因子指标，进而为冷浸田土壤质量评价因子筛选及优化提供基础。

3.1 冷浸田土壤理化、生化特征

本研究于 2011—2013 年水稻冬闲期在福建省尤溪、顺昌、浦城、建瓯、上杭、闽侯（2 样点）、建宁（2 样点）、闽清、漳平、武夷山、宁化、建阳、延平、永安和泰宁 15 县（市）选择 17 对典型冷浸田与同一微地貌单元内的非冷浸田表层土壤（0~20cm）进行了采样（表 3-1）。采集的土壤分别代表了福建省常见的氧化型黄泥田（剖面构型 A-Ap-P-C）、还原型冷浸田（剖面构型 Ag-G），以及氧化还原型灰泥田、青底灰泥田、灰黄泥田或灰砂泥田类型（剖面构型 A-Ap-P-W-G/C）。

表 3-1　冷浸田土壤样品取样点

编号	地点	经纬度	地形		土种类型		土壤母质		土地利用方式
			冷浸田	非冷浸田	冷浸田	非冷浸田	冷浸田	非冷浸田	
1	顺昌县郑坊乡	26°42′N，117°42′E	垄口	垄口	深脚烂泥田	灰泥田	坡积物	坡积物	单季稻
2	闽侯县白沙镇	26°13′N，119°04′E	垄中	丘陵梯田	浅脚烂泥田	黄泥田	坡积物	残积物	单季稻
3	闽侯县白沙镇	26°13′N，119°04′E	垄口	山前平原	青泥田	灰泥田	坡积物	冲积物	单季稻

（续表）

编号	地点	经纬度	地形		土种类型		土壤母质		土地利用方式
			冷浸田	非冷浸田	冷浸田	非冷浸田	冷浸田	非冷浸田	
4	浦城县仙阳镇	28°01′N，118°01′E	垄中	丘陵梯田	深脚烂泥田	灰黄泥田	坡积物	残积物	单季稻
5	建瓯市徐墩镇	26°07′N，118°02′E	谷地	谷地	深脚烂泥田	灰泥田	冲积物	冲积物	单季稻
6	建宁县黄坊乡	26°34′N，116°34′E	谷地	谷地	浅脚烂泥田	灰泥田	冲积物	冲积物	单季稻
7	尤溪县新阳镇	26°07′N，118°02′E	谷地	谷地	锈水田	青底灰泥田	冲积物	冲积物	单季稻
8	上杭县茶地乡	25°07′N，116°41′E	谷地	垄口	深脚烂泥田	灰泥田	冲积物	冲积物	双季稻
9	建宁县溪源乡	27°01′N，116°58′E	垄口	垄口	深脚烂泥田	灰泥田	坡积物	坡积物	单季稻
10	永安市小陶镇	25°46′N，117°09′E	垄口	山前平原	冷水田	灰泥田	冲积物	冲积物	双季稻
11	泰宁县朱口镇	117°14′E，26°57′N	垄中	丘陵梯田	浅脚烂泥田	灰黄泥田	坡积物	残积物	单季稻
12	漳平市拱桥镇	25°12′N，117°20′E	垄中	丘陵梯田	锈水田	灰黄泥田	坡积物	残积物	单季稻
13	武夷山市岚谷乡	27°56′N，118°10′E	垄中	垄口	深脚烂泥田	灰砂泥田	冲积物	冲积物	单季稻
14	建阳市水吉乡	27°15′N，118°12′E	垄中	垄口	浅脚烂泥田	灰泥田	冲积物	冲积物	单季稻
15	宁化县中沙乡	26°11′N，116°26′E	垄中	垄口	深脚烂泥田	灰泥田	冲积物	坡积物	单季稻
16	闽清县东桥镇	26°22′N，118°53′E	垄口	山前平原	青泥田	灰泥田	洪积物	洪积物	单季稻
17	延平区王台镇	26°19′N，117°03′E	垄口	山前平原	浅脚烂泥田	灰泥田	坡积物	坡积物	单季稻

  土壤样品测定的指标共有 41 项，其中生化指标 12 项（脲酶、转化酶、过氧化氢酶、磷酸酶、硝酸还原酶、微生物生物量 C、微生物生物量 N、微生物生物量 C/总 C、微生物生物量 N/总 N、真菌、细菌、放线菌），化学指标 25 项（pH、有机质、碱解 N、速效 K、全 N、全 K、缓效 K、有效 B、有效 S、交换性 Ca、交换性 Mg、有效 Mn、有效 Cu、NO_3^--N、还原性物质总量、活性还原性物质、Fe^{2+}、Mn^{2+}、C/N、全 P、阳离子交换量（CEC）、有效 P、有效 Fe、有效 Zn、C/P），物理指标 4 项（粘粒、土壤水分、浸水容重、物理性砂粒）。累计理化、生化属性数据计 1 394 个。

3.1.1　土壤生化特征

从生化特征来看（表 3-2），转化酶、过氧化氢酶、磷酸酶、硝酸还原酶、细菌、真菌和放线菌、微生物生物量 C 和 N、微生物生物量 C/总 C、微生物生物量 N/总 N 等 11 项因子差异明显（$P<0.05$）。其中，冷浸田土壤的过氧化氢酶、转化酶活性分别比非冷浸田高 58.3%和 22.1%，差异达到显著水平（$P<0.05$），这可能是由于冷浸田长期处于淹水厌氧环境，生物代谢过程产生了有害性的过氧化氢累积，致使过氧化氢酶作用基质含量高，一定程度上激活了过氧化氢酶活性（万忠梅等，2008）；另外，由于处于厌氧状态下的土壤有机质难以矿化，有机质累积进一步诱导了冷浸田的微生物分泌较多的转化酶，以促进有机化合物的矿化（张士萍等，2009）。而冷浸田土壤的磷酸酶、硝酸还原酶活性、细菌、真菌、放线菌、微生物生物量 C 和 N、微生物生物量 C/总 C、微生物生物量 N/总 N 指标显著低于非冷浸田（$P<0.05$），其中，磷酸酶与硝酸还原酶分别仅相当于非冷浸田的 52.2%和 33.4%，这可能是由于冷浸田土壤中的磷素和 NO_3^--N 含量低，因而供给微生物转化的底物也少，降低了磷酸酶和硝酸还原酶活性。冷浸田土壤中细菌、真菌和放线菌数量分别仅相当于非冷浸田的 70.2%、62.5%和 54.0%，可能原因是冷浸田普遍处于低温还原状态，不利于土壤微生物活动，微生物区系与微生物生物量 C 和 N 也随之降低。表 3-2 还可看出，微生物生物量 C 和 N、微生物生物量 C/总 C、微生物生物量 N/总 N 分别仅相当于非冷浸田的 37.8%、56.3%、27.8%和 44.7%，这主要是由于微生物生物量 C 是活性有机质的主要组分，尽管土壤微生物生物量仅占有机碳的 1%~3%，但它在有机质动态中起着很重要的作用（张国等，2011；刘占锋等，2006），其含量显著低于非冷浸田，反映出冷浸田土壤有机质"品质"较差的特性。

表 3-2　冷浸田与邻近非冷浸田土壤生化性状的比较

土壤生化指标	冷浸田	非冷浸田	t 检验
脲酶（NH_3-N mg/kg）	51.40±16.36	50.27±26.74	0.16
过氧化氢酶（0.1mol/L $KMnO_4$ ml/g）	1.71±0.59	1.08±0.42	6.34**
转化酶（0.1mol/L $Na_2S_2O_4$ ml/g）	3.64±1.87	2.98±1.67	2.27*
磷酸酶（P_2O_5 mg/100g）	63.20±27.68	121.14±53.49	3.53**
硝酸还原酶［NO_2-N mg/（kg·24h）］	1.92±2.33	5.75±6.88	2.52*
细菌（×10^6 cfu/g）	2.80±2.94	3.99±4.18	2.77*
真菌（×10^3 cfu/g）	6.24±5.24	9.99±6.68	2.25*
放线菌（×10^6 cfu/g）	2.31±2.36	4.28±4.59	2.91*
微生物生物量 C（mg/kg）	150.80±70.14	399.40±141.94	7.75**
微生物生物量 N（mg/kg）	46.21±36.74	82.15±32.33	4.01**
微生物生物量 C/总 C（‰）	6.83±3.63	24.54±11.08	7.63**
微生物生物量 N/总 N（‰）	17.42±13.45	38.96±18.69	4.14**

注：①$n=17$；$t_{0.05}=2.12$，$t_{0.01}=2.92$；②** 表示在 $P<0.01$ 水平上差异显著，* 表示在 $P<0.05$ 水平上差异显著；下同。

3.1.2 土壤化学特征

从化学特征来看（表3-3），冷浸田与非冷浸田之间土壤的还原性物质总量、活性还原性物质、Fe^{2+}、Mn^{2+}、NO_3^--N、有机质、全N、C/N、C/P、全P、速效P、速效K、有效Fe、有效Mn等14项因子呈显著差异（$P<0.05$）。其中，冷浸田土壤有机质、全N含量分别较非冷浸田高31.7%和17.2%，还原性物质总量、活性还原性物质、Fe^{2+}、Mn^{2+}分别高177.0%、220.0%、241.1%、193.6%，C/N、C/P、有效Fe、有效Mn分别提高10.8%、28.8%、85.8%、66.0%，主要原因是冷浸田长期处于滞水状态，通透性差，还原性强，Fe^{2+}、Mn^{2+}等还原性物质相应提高。另外，长期滞水也不利于有机质矿化，有机质累积相对较高。相反，冷浸田土壤的有效P、全P、有效K、NO_3^--N的含量分别比非冷浸田降低52.3%、23.8%、22.8%和75.5%，这一方面是因为冷浸田长期冷水浸渍条件下，土壤矿化过程缓慢，影响有效养分的供给；另一方面，土壤NO_3^--N和有效养分较低还可能与长期淹水状态下不利于NO_3^--N形成及养分易随水流失有关。尽管酸化是南方农田土壤的共性特征（孟红旗等，2013），但从冷浸田与非冷浸田的pH来看，二者的酸性并无显著差异，说明土壤酸性并非是造成冷浸田低产的关键因子，因此，冷浸田的改造应在考虑改潜基础上再治理酸化。此外，冷浸田土壤有机质含量明显高于非冷浸田土壤（高出31.7%），这与柴娟娟等对不同省份冷浸田土壤抽样调查结果相一致，说明其潜在肥力高、增产潜力大（柴娟娟等，2012）。

表3-3 冷浸田与邻近非冷浸田土壤化学性状比较

土壤化学指标	冷浸田	非冷浸田	t检验
还原性物质总量（cmol/kg）	2.77±1.45	1.00±0.70	5.45**
活性还原性物质（cmol/kg）	2.08±1.10	0.65±0.62	5.79**
Fe^{2+}（mg/kg）	169.97±34.64	49.83±15.39	14.34**
Mn^{2+}（mg/kg）	130.00±91.87	44.28±73.56	3.18**
pH	5.24±0.19	5.22±0.27	0.35
有机质OM（g/kg）	40.3±7.8	30.6±9.2	5.10**
全N（g/kg）	2.59±0.39	2.21±0.55	3.23**
C/N	9.08±1.56	8.10±1.57	4.68**
全P（g/kg）	0.48±0.13	0.63±0.21	2.74*
C/P	42.48±50.79	32.98±30.15	5.25**
全K（g/kg）	23.19±12.74	24.14±12.61	0.81
CEC（cmol/kg）	16.95±8.11	15.62±7.58	1.93
碱解N（mg/kg）	196.55±54.32	172.90±68.33	1.19
NO_3^--N（mg/kg）	5.03±1.77	20.53±16.83	3.55**

（续表）

土壤化学指标	冷浸田	非冷浸田	t检验
有效 P （mg/kg）	11.68±9.53	24.49±21.62	2.28*
有效 K （mg/kg）	76.97±55.84	99.80±60.07	2.89*
缓效 K （mg/kg）	226.76±170.45	266.24±149.64	1.19
交换 Ca （mg/kg）	754.4±463.4	603.6±499.4	1.36
交换 Mg （mg/kg）	90.4±50.4	105.3±59.4	1.49
有效 Fe （mg/kg）	304.1±70.5	163.7±45.9	6.69**
有效 Mn （mg/kg）	81.14±32.79	48.89±34.60	2.76*
有效 S （mg/kg）	41.0±41.4	37.0±42.9	0.71
有效 B （mg/kg）	0.38±0.17	0.41±0.22	0.74
有效 Zn （mg/kg）	4.23±2.09	3.06±2.19	2.00
有效 Cu （mg/kg）	5.13±4.47	4.68±4.61	1.84

3.1.3　土壤物理特征

从物理特征来看（表3-4），冷浸田与非冷浸田之间的土壤水分、浸水容重、物理性砂粒3项因子差异明显（$P<0.05$）。其中，冷浸田土壤水分、物理性砂粒分别比非冷浸田提高62.8%和8.0%，这可能是冷浸田土体长期处于水饱和状态或常年受潜水浸渍，加大了铁锰粘粒矿物的还原淋溶而使物理性砂粒含量提高（龚子同等，1990；福建省土壤普查办公室，1991）。而冷浸田土壤浸水容重较非冷浸田降低25.8%，达到极显著差异水平（$P<0.01$）。由于浸水容重可能反映土壤在浸水条件下的结构状态与坚实度，从中说明冷浸田耕层糊烂，不如非冷浸田紧实。

表3-4　冷浸田与邻近非冷浸田土壤物理性状比较

土壤物理指标	冷浸田	非冷浸田	t检验
物理性砂粒 （>0.01mm,%）	67.80±9.16	62.78±10.93	2.18*
粘粒 （<0.001mm,%）	12.63±4.94	14.52±4.23	1.60
浸水容重 （g/cm³）	0.46±0.08	0.62±0.09	7.06**
土壤水分 （%）	56.29±8.12	34.58±10.60	7.59**

3.2　冷浸田土壤质量评价因子最小数据集的构建

3.2.1　冷浸田土壤质量评价因子主成分分析

上述理化、生化特性研究表明，冷浸田与非冷浸田之间土壤属性达到显著性差异的有 28 项。这些关键因子为评价和快速治理及改善土壤理化、生化性状提供了依据。本文采用主成分分析对这些因素进行因子分析，以减少参评土壤因子，同时也解决数据冗余的问题（Velasquez E et al, 2005）。首先，选择特征值≥1 的主成分（PC）（Shukla MK et al, 2006），特征值≥1 的 PC 有 5 个，前 5 个 PC 累计贡献率 78.5%（表 3-5），说明这 5 个 PC 已基本上反映了冷浸田土壤性状变化的主要影响因素。对各变量在各个 PC 上的旋转因子载荷大小进行选取，一般认为系数绝对值在 0.8 以上的初始因子对构成的评价因子具有重要的影响力。其中，第 1 PC 主要由 C/N、细菌、放线菌初始因子构成，主要反映土壤生化特征；第 2 PC 主要由微生物生物量 N、微生物生物量 N/总 N 初始因子构成，主要反映土壤活性有机 N 特征（属生化范畴）；第 3 PC 主要由还原性物质总量、活性还原性物质总量初始因子构成，主要反映土壤还原性障碍特征；第 4 PC 主要由全 N、物理性砂粒初始因子构成，主要反映土壤物理特征与化学养分特征；第 5 PC 主要由全 P 初始因子构成，主要反映土壤化学养分特征。综上所述，由 C/N、细菌、放线菌、微生物生物量 N、微生物生物量 N/总 N、还原性物质总量、活性还原性物质总量、全 N、物理性砂粒、全 P 10 项候选因子组成的评价因子体系可以基本反映出 28 项初始评价因子构成的土壤质量信息。

表 3-5　土壤属性主成分因子旋转载荷矩阵，特征值与方差贡献率

土壤质量参数	主成分 1	主成分 2	主成分 3	主成分 4	主成分 5
有机质 OM	−0.51	−0.31	0.10	0.74	0.11
有效钾	0.76	0.11	0.14	0.12	−0.14
全 N	0.09	−0.12	0.16	0.90	0.14
有效 Mn	−0.32	−0.33	0.45	−0.34	0.29
$NO_3^- \text{-} N$	−0.41	0.51	−0.38	−0.17	−0.29
还原性物质总量	0.13	−0.15	0.87	0.26	0.04
活性还原性物质	0.02	−0.23	0.88	0.19	0.07
Fe^{2+}	−0.10	−0.35	0.72	0.19	0.42
Mn^{2+}	0.18	−0.19	0.73	−0.05	0.17
C/N	−0.84	−0.30	−0.06	0.07	0.08
全 P Total	−0.06	0.05	−0.17	0.29	−0.88
有效 P	0.51	0.01	−0.09	−0.02	−0.69
有效 Fe	−0.45	−0.51	0.36	0.15	0.38
C/P	−0.30	−0.33	0.15	0.25	0.75
转化酶	0.32	0.09	0.49	0.59	−0.05
过氧化氢酶	−0.73	−0.27	0.20	0.16	0.35
磷酸酶	−0.15	0.72	−0.38	−0.06	−0.04

（续表）

土壤质量参数	主成分 1	主成分 2	主成分 3	主成分 4	主成分 5
硝酸还原酶	−0.57	0.59	−0.23	−0.34	0.02
微生物生物量 C	0.41	0.73	−0.33	−0.06	−0.14
微生物生物量 N	0.30	0.80	−0.06	0.01	−0.16
微生物生物量 C/总 C	0.44	0.67	−0.27	−0.35	−0.17
微生物生物量 N/总 N	0.19	0.84	−0.09	−0.31	−0.17
真菌	0.52	0.51	−0.19	0.17	0.29
细菌	0.85	0.00	0.28	−0.09	−0.10
放线菌	0.93	0.01	0.09	0.06	−0.05
土壤水分	−0.23	−0.30	0.52	−0.04	0.60
浸水容重	0.61	0.25	−0.37	−0.29	−0.31
物理性砂粒	−0.09	−0.18	0.05	0.81	−0.23
特征值	10.24	5.59	2.92	1.92	1.32
方差贡献率（%）	36.57	19.96	10.42	6.85	4.72
累积贡献率（%）	36.57	56.52	66.95	73.80	78.52

3.2.2 冷浸田土壤质量评价因子最小数据集的确定

对 10 项候选因子进一步进行相关分析表明，土壤不同因子间存在显著的相关性（表 3-6）。根据土壤质量评价因子相对独立性原则，依据专家经验法对上述 10 项因子进行优化。C/N 生态化学计量特征反映土壤 C、N 物质循环以及生态系统的主要过程（贺金生等，2010），对土壤质量起着重要作用，其自然进入 MDS；土壤细菌与放线菌均为微生物区系，二者与 C/N 均呈显著相关（$P<0.05$），但细菌与 C/N 相关系数较小，信息独立性较放线菌大，且在土壤养分转化过程中发挥着极其重要的作用，故细菌进入 MDS，而舍去放线菌因子；微生物生物量 N（MBN）与 MBN/总 N 呈极显著相关（$P<0.01$），且 MBN 与其他因子无显著相关，其信息相对独立，因而选择微生物生物量 N 进入 MDS；还原性物质总量与活性还原性物质呈极显著正相关（$P<0.05$），由于还原性物质与其他因子无显著相关，信息相对独立，故选择还原性物质总量进入 MDS；物理性砂粒反映土壤空隙结构、土壤水分渗透性能及耕作难易以及养分转化的物理指标，且除与全氮极显著相关外，其余均无明显相关，其信息独立，故选择进入 MDS；全氮与全磷均属化学指标，全氮与物理性砂粒、还原性物质总量均呈显著正相关（$P<0.05$），而全磷除与物理性砂粒显著正相关外（$P<0.05$），与其余因子均无显著相关，且全磷也与冷浸田限制因子有效磷呈极显著正相关（$P<0.01$），该因子体现了 MDS 内的指标相关性低而与 MDS 外的指标相关性强的特点，故选择全磷进入 MDS，而舍去全

N 因子。基于相关分析并结合专家经验法，最终确定冷浸田土壤质量评价因子 MDS 由 C/N、细菌、微生物生物量 N、还原性物质总量、物理性砂粒、全磷 6 项因子组成。

表 3-6　基于主成分分析的候选评价因子相关分析

相关系数	C/N	细菌	放线菌	微生物生物量氮	微生物生物量氮/总氮	还原性物质总量	活性还原性物质	全氮	物理性砂粒
细菌	-0.68**	1							
放线菌	-0.72**	0.88**	1						
微生物生物量氮	-0.55**	0.25	0.21	1					
微生物生物量氮/总氮	-0.46**	0.16	0.11	0.90**	1				
还原性物质总量	-0.08	0.31	0.19	-0.21	-0.31	1			
活性还原性物质	0.05	0.27	0.13	-0.32	-0.39*	0.95**	1		
全氮	-0.07	0.03	0.15	-0.08	-0.42*	0.36*	0.3	1	
物理性砂粒	0.16	-0.14	-0.05	-0.04	-0.31	0.23	0.22	0.65**	1
全P	-0.03	-0.07	0.01	0.14	0.07	-0.15	-0.19	0.14	0.37*

3.2.3　冷浸田土壤肥力质量评价

分别对重要数据集指标（差异性指标因子）及最小数据集指标做主成分分析，获得各个指标的公因子方差，利用指标公因子方差所占比例得到各个指标的权重值。结果表明：最小数据集指标 C/N、细菌、微生物生物量 N、还原性物质总量、物理性砂粒、全 P 的权重值分别为 0.170、0.156、0.154、0.185、0.175、0.160。土壤质量指标采用隶属函数可将指标测定值转化为 0~1 的无量纲值，主要标准化出隶属函数有正 S 型、反 S 型和抛物线型（曹志洪，2008）。对于没有明确阈值的指标而言，指标标准化采用简单的线性评分函数（Liebig et al.，2001）。对于"越高越好"指标而言，将各指标实测值的最大值作为标准，得分等于 1，其他测定值与该最大值的比值作为其测定值的标准化得分；相反，对于"越低越好"指标而言，将各指标值的最小值作为标准，得分等于 1，该最小值与其他测定值的比值作为其测定值的标准化得分。

经过统计得到各评价指标的权重值及标准化的指标得分，采取土壤质量指数函数计算各个土壤质量评价数据集的土壤质量指数，得到重要数据集土壤质量指数和最小数据集土壤质量指数（图 3-1）。从中可以看出，不论是重要数据集还是最小数据集，其土壤质量指数均表现为非冷浸田>冷浸田。

将最小数据集土壤质量指数与重要数据集土壤质量指数进行回归分析以验证科学性，结果表明，二者呈极显著的正相关关系（$P<0.01$，图 3-2），说明最小数据集能够较好代替全量数据集指标，利用最小数据集能够对土壤质量进行正确评价。

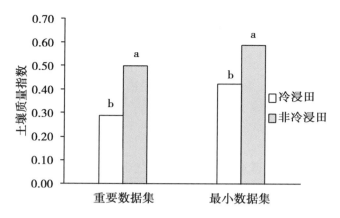

图 3-1　不同数据集冷浸田与非冷浸田土壤质量指数

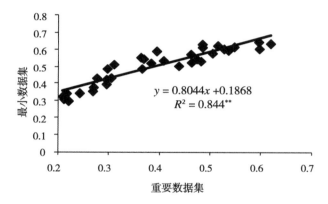

图 3-2　最小数据值土壤质量指数与重要数据集土壤质量指数相关性

3.3　冷浸田土壤质量评价因子 MDS 表征与应用

　　建立完善耕地质量评价体系、明确不同地力等级耕地的划分标准，是制定相关政策与法规的重要依据，也是强化执法力度的重要保障（曾希柏等，2014）。进行土壤质量评价时，评价因子的选取应全面、综合地反映土壤肥力质量的各个方面，即土壤的养分储存、释放，土壤的物理性状和生物多样性（刘金山等，2012）。MDS 则是反映土壤质量的最少因子参数的集合。通过主成分分析、相关分析并结合专家经验筛选出的冷浸田土壤质量评价因子 MDS 覆盖了土壤物理、化学与生化指标。其中，化学指标包括 C/N、全磷、还原性物质总量因子，其表征土壤养分与水分保持、碳储藏与土壤团聚体维护以及冷浸田土壤还原性障碍因子功能；物理指标为物理性砂粒因子，其表征土壤水分与化学物质的吸附和运输；生化指标包括细菌、微生物生物量 N，其表征微生物活动及养分循环通量。通过优化筛选出的 MDS 可用于冷浸田土壤质量评价，也适合于冷浸田改良效果的评价。

　　冷浸田的土壤质量评价因子 MDS 选择有别于一般类型土壤。李桂林等（李桂林等，

2007）基于苏州市 1985 年和土地利用发生变化的 2004 年，在采样分析的两套土壤属性数据各 12 个土壤候选参数集上，得到各包含 6 项因子的土壤质量评价 MDS 及其 20 年尺度上的变化规律，发现 MDS 因子略有不同，但变化不大。其中，4 项（OM、pH、有效钾、全钾）相同，另外，1985 年的 MDS 中还包括有效 P、总孔隙度，2004 年的 MDS 中还包括全磷及容重。从中比较可以看出，冷浸田的土壤质量评价因子 MDS 选择与一般类型土壤质量评价 MDS 选择差别较大。这与冷浸田土壤性质的特殊性是分不开的。对于一般类型土壤质量评价而言，土壤还原性物质参数一般不会被选入 MDS，而对冷浸田而言，土壤还原性物质对作物生长造成毒害（蔡妙珍等，2002），是限制生产力提升的重要"瓶颈"因子，故被选入 MDS；同样，土壤微生物生物量氮与微生物生物量C 类似，其表征冷浸田土壤有机氮库的"质量"而被选入 MDS。当然，当冷浸田土壤通过治理后，还原性物质下降为次要限制因素，或冷浸田通过改良演变为灰泥田、青底灰泥田或灰黄泥田等氧化型、氧化还原型土壤类型时，其土壤质量评价 MDS 选择可能也随之发生改变，此条件下土壤 OM、pH 或可作为重要的肥力限制因子代替现有冷浸田质量评价 MDS 中的因子。另外，本研究冷浸田类型为发生学分类名称，其覆盖潜育性水稻土的 5 个主要土种类型（福建省土壤普查办公室，1991），上述参评因子选择确定也可为冷浸田土壤系统分类土系区分提供借鉴，如青泥田、浅脚烂泥田、深脚烂泥田的土壤还原强度逐渐增加，其有机质和物理性砂粒含量也有相似趋势，因而可以根据还原性物质总量、C/N 和物理性砂粒含量等诊断特性或诊断现象加以区分。同样，对于锈水田，按系统分类，可根据潜育土表层亚铁含量和还原性物质总量，划分出相应的土系。

用主成分方法筛选质量评价因子，可有效减少数据冗余，但也可能存在参评土壤因子信息丢失的问题。有报道认为，通过主成分分析并结合矢量常模（NORM）的方法可能对评价因子 MDS 选择更完善（李桂林等，2007；蔡妙珍等，2002；黄婷等，2010）。另外，在提出 MDS 的基础上，进一步通过专家咨询或模糊数学方法对各评价因子指标"好坏"进行科学描述并最终构建冷浸田土壤质量评价模型有待进一步研究。

3.4 本章小结

本研究通过比较福建省 17 对典型冷浸田与同一微地貌单元内非冷浸田表层土壤的 41 项物理、化学与生物指标，系统分析了冷浸田与非冷浸田之间各指标差异及其产生的原因，并利用主成分分析等方法构建冷浸田土壤质量评价因子最小数据集。结果表明：与非冷浸田相比，冷浸田土壤总有机质高 31.7%，表征活性有机质的微生物生物量 C（MBC）降低 37.8%；Fe^{2+} 高 177.0%，有效磷、钾分别降低 52.3% 和 22.8%；过氧化氢酶和转化酶分别高 58.3% 和 22.1%，磷酸酶、硝酸还原酶分别降低 47.8% 和 66.6%，微生物区系数量降低 29.8%~46.0%；物理性砂粒含量高 8.0%，浸水容重降低 25.8%。冷浸田与非冷浸田之间表土有 28 项属性指标呈现显著差异（$P<0.05$）。用因子分析方法从 28 项有显著差异的指标中归纳出累计贡献率达 78.5% 并能分别反映土壤生化、活性有机 N、还原性障碍、物理与化学养分特征的 5

个主成分，结合相关分析模型和专家经验法建立了包括 C/N、细菌、微生物生物量氮、还原性物质总量、物理性砂粒、全磷 6 项因子的冷浸田土壤质量评价因子最小数据集。通过与重要数据集土壤质量指数的相关分析比较，说明最小数据集能够对土壤质量进行正确评价。

参考文献

蔡妙珍，林咸永，罗安程，等 . 2002. 过量 Fe^{2+} 对水稻生长和某些生理性状的影响 [J]. 植物营养与肥料学报，8（1）：96-99.

曹志洪，周建民，等 . 2008. 中国土壤质量 [M]. 北京：科学出版社 .

柴娟娟，廖敏，徐培智，等 . 2012. 我国主要低产水稻冷浸田养分障碍因子特征分析 [J]. 水土保持学报，26（2）：284-288.

福建省土壤普查办公室 . 1991. 福建土壤 [M]. 福州：福建科学技术出版社 .

龚子同，张效朴，韦启璠 . 1990. 我国潜育性水稻土的形成、特性及增产潜力 [J]. 中国农业科学，23（1）：45-53.

贺金生，韩兴国 . 2010. 生态化学计量学：探索从个体到生态系统的统一化理论 [J]. 植物生态学报，34（1）：2-6.

黄婷，岳西杰，葛玺祖，等 . 2010. 基于主成分分析的黄土沟壑区土壤肥力质量评价——以长武县耕地土壤为例 [J]. 干旱地区农业研究，（3）：141-147，187.

李桂林，陈杰，孙志英，等 . 2007. 基于土壤特征和土地利用变化的土壤质量评价最小数据集确定 [J]. 生态学报，27（7）：2715-2724.

刘金山，胡承孝，孙学成，等 . 2012. 基于最小数据集和模糊数学法的水旱轮作区土壤肥力质量评价 [J]. 土壤通报，43（5）：1145-1150.

刘占锋，傅伯杰，刘国华，等 . 2006. 土壤质量与土壤质量指标及其评价 [J]. 生态学报，26（3）：901-913.

孟红旗，刘景，徐明岗，等 . 2013. 长期施肥下我国典型农田耕层土壤的 pH 演变 [J]. 土壤学报，50（60）：42-49.

万忠梅，宋长春，郭跃东，等 . 2008. 毛苔草湿地土壤酶活性及活性有机碳组分对水分梯度的响应 [J]. 生态学报，28（12）：5980-5986.

徐建明，张甘霖，谢正苗 . 2010. 土壤质量指标与评价 [M]. 北京：科学出版社，90-96.

曾希柏，张佳宝，魏朝富，等 . 2014. 中国低产田状况及改良策略 [J]. 土壤学报，51（4）：675-682.

张国，曹志平，胡婵娟 . 2011. 土壤有机碳分组方法及其在农田生态系统研究中的应用 [J]. 应用生态学报，22（7）：1921-1930.

张士萍，张文佺，李艳丽，等 . 2009. 崇明东滩湿地土壤生物活性差异性及环境效应分析 [J]. 农业环境科学学报，28（1）：112-118.

郑立臣，宇万太，马强，等 . 2004. 农田土壤肥力综合评价研究进展 [J]. 生态学杂志，23（5）：156-161.

Gil-Sotres F, Trasar-Cepeda C, Leiros MC, *et al.* 2005. Different approaches to evaluating soil quality using biochemical properties ［J］. Soil Biology and Biochemistry, 37: 877-887.

Velasquez E, Lavelle P, Barrios E, *et al.* 2005. Evaluating soil quality in tropical agroecosystems of Colombia using NIRS ［J］. Soil Biology and Bio-chemistry, 37 (5): 889-898.

4 冷浸田土壤还原性物质动态变化

冷浸田是我国南方稻区涝渍型灾害的主要类型之一，因地形地貌、水文因素和人为管理不善使其终年积水，排水不畅、通透性差，土壤长期处于饱和状态，缺乏氧气，土壤中形成了大量的有机和无机还原性物质（张晋科等，2006）。有机还原性物质在嫌气条件下，被分解产生各种还原性强弱不同的有机化合物。低分子量有机酸就是土壤中普遍存在且影响较大的一类有机化合物，常见的有柠檬酸、草酸、酒石酸、甲酸、乳酸、乙酸、苹果酸、丙酸等（莫淑勋等，1986）。这些有机化合物合成后会促进无机还原性物质的产生，形成亚铁、低价锰等强还原性物质，随着亚铁、低价锰等物质在田块中的含量不断增加，对水稻生长出现的毒害逐渐出现。目前关于土壤还原性有机酸的相关报道，其研究对象普遍是非冷渍类的轮作稻，对长期淹水稻田研究较少，针对冷浸田的相关研究更为鲜见。为此，本研究以典型冷浸田为研究对象，以同一微地貌单元内非冷浸田为对照，研究水稻生育期还原性有机酸动态特性及与水稻生长的关系，以期揭示有机酸与水稻植株生长势的关联度，并阐明亚铁、亚锰与还原性有机酸的障碍贡献，从而为针对性选择改良措施提供依据。

采用原位监测方法。监测点设在农业部福建耕地保育科学观测实验站（闽侯县白沙镇）。区域内成土母质为低丘红壤坡积物与残积物，水利条件较差。冷浸田主要成因是地表水与浅位地下水混合，串排串灌，常年涝渍，土壤表层或整个土体潜育化。水稻栽种品种为"中浙优1号"。各处理施氮肥135kg/hm²，N：P_2O_5：$K_2O=1：0.4：0.7$。

于水稻各生育期分别在垅中与垅口两种地形发育的冷浸田采集耕层土壤及植株，并分别以同一微地貌单元内对应的非冷浸田样品为对照。具体地形与冷浸田类型如下：①垅中：深脚冷浸田；黄泥田（CK1）；②垅口：锈水田；灰黄泥田（CK2）。其中，垅中深脚冷浸田烂泥层厚度 > 40cm。垅中与垅口相隔约500m。

4.1 冷浸田水稻生育期土壤亚铁、亚锰含量

表4-1显示，在水稻生育的分蘖期、灌浆期与成熟期，垅中部位深脚烂泥田的土壤亚铁与亚锰含量都显著高于黄泥田（CK1）处理（$P<0.05$），且分蘖期和灌浆期亚铁含量差异极显著（$P<0.01$），灌浆期和成熟期亚锰含量差异极显著（$P<0.01$）。此外，随着生育期的进程，亚铁含量呈递减而亚锰含量呈递增的趋势。其中，深脚烂泥田处理在3个时期的亚铁含量分别是黄泥田（CK1）处理的3.08、3.33与1.31倍；深脚烂泥田处理的亚锰含量分别是黄泥田（CK1）处理的1.75、1.32与1.87倍。从垅口部位来看，在水稻生育的分蘖期、灌浆期与成熟期，锈水田处理的亚铁与亚锰含量同样显著或极显著高于对应的灰黄泥田（CK2）（$P<0.05$）。其中，锈水田处理在3个时期亚铁含

量分别是灰黄泥田（CK2）的 3.26、3.62 与 1.37 倍，锈水田处理的亚锰含量分别是灰黄泥田（CK2）的 1.44、1.29 与 1.18 倍。

表 4-1　水稻各生育期土壤中亚铁与亚锰含量 （mg/kg）

地形	土壤类型	分蘖期		灌浆期		成熟期	
		亚铁	亚锰	亚铁	亚锰	亚铁	亚锰
垅中	深脚烂泥田	707.67 aA	15.52 aA	544.44 aA	22.23 aA	161.73 aA	44.60 aA
	黄泥田（CK1）	229.47 bB	8.87 bA	163.21 bB	16.89 bB	123.50 bA	23.90 bB
垅口	锈水田	940.45 aA	15.10 aA	760.05 aA	24.66 aA	216.30 aA	37.74 aA
	灰黄泥田(CK2)	288.31 bB	10.51 bA	209.96 bB	19.14 bB	157.4 bB	31.86 bB

4.2　冷浸田水稻生育期土壤还原性有机酸含量

　　已有研究表明，土壤低分子量有机酸的类型和数量因土壤类型、养分状况、土壤微生物的数量和活性而有很大的变化，并且处于合成和分解的动态过程中，如水稻各品种（系）根系分泌物主要为苹果酸、乙酸、草酸、琥珀酸、柠檬酸等有机酸，其分泌量表现不一（李德华等，2005）。本研究检测水稻植株分蘖期根际土壤中的草酸、乳酸、乙酸、琥珀酸、柠檬酸，苹果酸和酒石酸 7 种有机酸（图 4-1，图 4-2）。表 4-2 显示，水稻根

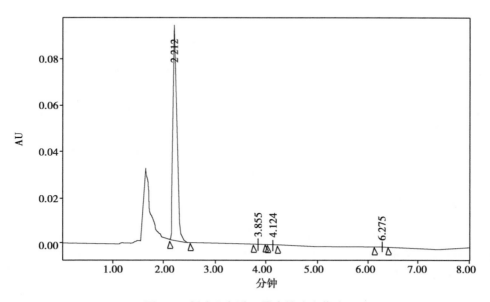

图 4-1　锈水田色谱（最高的峰为草酸）

际土壤主要有机酸是草酸，占有机酸总量的 81.5%～84.2%，其次还含有少量的琥珀酸、乳酸和乙酸，极个别处理如垅口部分的锈水田和灰黄泥田（CK2）还含有微量的柠檬酸。所有处理土壤样品中均未检出苹果酸和酒石酸。因而，针对水稻根系附近土壤的草酸和有

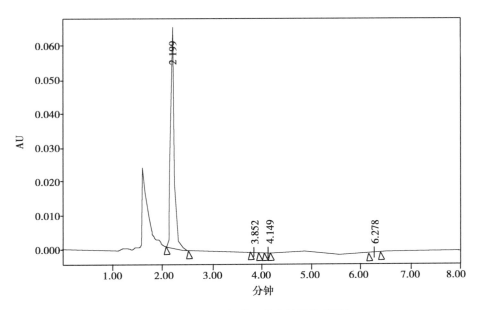

图 4-2　深脚烂泥田色谱（最高的峰为草酸）

机酸总量进行分析。表 4-3 显示，在水稻生育期间，土壤草酸和还原性有机酸总量呈递增趋势。在水稻生育的分蘖期、灌浆期与成熟期，垅中部位深脚烂泥田的土壤草酸和有机酸总量都显著高于黄泥田（CK1）处理（$P<0.05$）。从垅口部位来看，在分蘖期和成熟期时锈水田草酸含量与有机酸总量同样显著高于对应的灰黄泥田（$P<0.05$）。

表 4-2　分蘖期水稻根系土壤有机酸含量

地形	土壤类型	草酸 mg/kg	乳酸 mg/kg	乙酸 mg/kg	琥珀酸 mg/kg	柠檬酸 mg/kg	有机酸总量 mg/kg
垅中	深脚烂泥田	16.27 aA	0.77 aA	0.50 aA	1.21 aA	—	19.33 aA
	黄泥田（CK1）	12.50 bA	0.69 aA	0.56 aA	0.95 aA	—	15.34 bA
垅口	锈水田	24.48 aA	0.91 aA	0.51 aA	2.04 aA	0.4	28.65 aA
	灰黄泥田（CK2）	19.60 bA	0.64 aA	0.78 aA	1.35 aA	1.34	23.60 aA

表 4-3　水稻植株各生育期土壤中草酸及有机酸总量

地形	土壤类型	分蘖期 草酸 mg/kg	分蘖期 总量 mg/kg	灌浆期 草酸 mg/kg	灌浆期 总量 mg/kg	成熟期 草酸 mg/kg	成熟期 总量 mg/kg
垅中	深脚烂泥田	16.27 aA	19.33 aA	20.53 aA	25.13 aA	53.85 aA	65.39 aA
	黄泥田（CK1）	12.50 bA	15.34 bA	14.72 bA	18.27 bA	30.30 bB	56.31 bA
垅口	锈水田	24.48 aA	28.65 aA	26.31 aA	32.07 aA	48.04 aA	80.68 aA
	灰黄泥田（CK2）	19.60 bA	23.60 aA	21.70 aA	26.57 aA	29.33 bA	54.25 bA

4.3 冷浸田水稻生育期叶片叶绿素含量

叶绿素是与植株光合作用有关的主要色素。表 4-4 显示，在分蘖期，无论是垅中的深脚烂泥田还是垅口的锈水田，水稻植株叶片的叶绿素总量均显著低于对应的非冷浸田（$P<0.05$）；在灌浆期时，深脚烂泥田的水稻植株叶片叶绿素含量与黄泥田（CK1）差异不显著，而垅口锈水田的水稻叶片叶绿素含量显著低于对应的灰黄泥田（CK2）（$P<0.05$）。说明与非冷浸田水稻植株相比，冷浸田由于受到环境与土壤自身障碍属性的影响，植株发育不良，并可能影响光合作用与产量。

表 4-4　水稻植株各生育期叶片叶绿素含量

地形	土壤类型	分蘖期			灌浆期		
		叶绿素 a	叶绿素 b	叶绿素 a+b	叶绿素 a	叶绿素 b	叶绿素 a+b
垅中	深脚烂泥田	1.07 bB	0.68 bA	1.76 bB	2.74 aA	0.87 bA	3.61 aA
	黄泥田（CK1）	1.43 aA	1.14 aA	2.57 aA	3.34 aA	1.06 aA	4.40 aA
垅口	锈水田	1.12 bA	0.82 bB	1.95 bB	1.62 bB	0.48 bB	2.16 bB
	灰黄泥田（CK2）	1.36 aA	1.15 aA	2.51 aA	2.42 aA	0.79 aA	3.2 aA

4.4 冷浸田水稻生育期土壤还原性物质与产量的关系

从表 4-5 得知，垅中深脚烂泥田处理的稻谷生物量、干稻谷产量及结实率都显著低于灰黄泥田（$P<0.05$，CK1），生物量降低了 55.0%，干稻谷产量降低了 42.8%，结实率降低了 5.6%。垅口锈水田处理的稻谷生物量和干稻谷产量也显著低于灰泥田（$P<0.05$，CK2），生物量降低了 63.9%，干稻谷产量降低了 39.8%。

表 4-5　成熟期冷浸田与非冷浸田水稻生物量与稻谷产量

地形	土壤类型	生物量（kg/hm²）	稻谷产量（kg/hm²）
垅中	深脚烂泥田	4 675.7 bB	3 785.0 bA
	黄泥田（CK1）	10 377.6 aA	6 597.2 aA
垅口	锈水田	3 896.8 bB	2 913.7 bA
	灰黄泥田（CK2）	10 793.8 aA	4 836.1 aA

另从各生育期土壤还原性物质与生物量及产量相关性可以看出，各生育期土壤还原性物质与水稻产量存在一定的相关性（表 4-6）。其中，分蘖期土壤有机酸总量、草酸与水稻生物量差异不显著，但亚铁、亚锰含量与生物量均呈极显著负相关（$P<0.05$）。灌浆期的土壤各还原性物质总量与生物量均呈显著负相关（$P<0.05$）。成熟期，各还原性物质与水稻生物量、籽粒产量也均呈显著负相关（$P<0.05$）。这说明有机酸总量、草

酸、亚铁及亚锰都会影响水稻的生长发育，从而影响籽粒的产量。

表 4-6 土壤还原性物质与水稻生物量、籽粒产量的相关性

生育期	还原性物质	生物量	籽粒产量
分蘖期	有机酸总量	-0.46	—
	草酸	-0.51	—
	亚铁	-0.96**	—
	亚锰	-0.78**	—
灌浆期	有机酸总量	-0.61*	—
	草酸	-0.61*	—
	亚铁	-0.95**	—
	亚锰	-0.88**	—
成熟期	有机酸总量	-0.77**	-0.67*
	草酸	-0.89**	-0.70*
	亚铁	-0.73**	-0.87**
	亚锰	-0.82**	-0.68*

　　为了进一步揭示不同还原性物质对水稻产量障碍的贡献率，对成熟期各还原性物质与生物量进行了回归分析（表 4-7）。其中，各线性方程斜率可反映出单位浓度各还原性物质对产量障碍贡献的大小，斜率绝对值越大表明其贡献率越大（周卫，1996）。对土壤还原性物质与水稻生物量的回归分析表明，在分蘖期、灌浆期和成熟期，亚锰对水稻生物量障碍贡献分别是有机酸总量对水稻生物量障碍的 2.53、2.50 和 1.14 倍；是亚铁对水稻生物量障碍的 68.8、73.1 和 3.58 倍。这说明单位浓度有机酸总量对水稻生物量的障碍贡献高于亚铁，低于亚锰；且除亚铁外，水稻分蘖期和灌浆期时这些还原物质对生物量的障碍大大高于成熟期。对土壤还原性物质与籽粒产量的回归分析表明，亚锰对水稻生物量障碍贡献分别是有机酸总量对水稻籽粒障碍的 1.33 倍，是亚铁对水稻籽粒障碍的 3.08 倍。这同样说明有机酸总量对水稻籽粒的障碍贡献高于亚铁，低于亚锰。

表 4-7 土壤还原性物质与水稻产量回归方程

生育期	还原性物质	生物量	籽粒产量
分蘖期	有机酸总量	$y=-281.01x+13\,542$	—
	草酸	$y=-346.61x+13\,748$	—
	亚铁	$y=-10.34x+13\,037$	—
	亚锰	$y=-711.42x+16\,328$	—

29

（续表）

生育期	还原性物质	生物量	籽粒产量
灌浆期	有机酸总量	$y = -361.26x + 16\ 651$	—
	草酸	$y = -434.82x + 16\ 486$	—
	亚铁	$y = -12.37x + 12\ 624$	—
	亚锰	$y = -904.49x + 26\ 186$	—
成熟期	有机酸总量	$y = -220.44x + 21\ 579$	$y = -75.83x + 8\ 986$
	草酸	$y = -260.99x + 17\ 975$	$y = -81.84x + 7\ 425.7$
	亚铁	$y = -69.94x + 18\ 958$	$y = -32.68x + 9\ 504.8$
	亚锰	$y = -250.75x + 16\ 093$	$y = -100.69x + 7\ 597.5$

4.5 冷浸田土壤还原性物质动态变化原因

随着生育期的进程，土壤还原性有机酸与亚锰呈递增趋势，而亚铁呈递减趋势。还原性有机酸对籽粒产量的障碍贡献要高于亚铁而低于亚锰。在整个生育期土壤有机酸浓度递增主要原因可能是随生育期的延长，水稻植株个体变大，根数量增多，分泌的有机酸量也增多。相关研究表明，在好气条件下，有机酸易被微生物利用作为碳源进一步分解成 CO_2、H_2、CH_4 等而消失。但冷浸田终年积水，排水不畅，通透性差等特性都不利于土壤有机酸的转化，会导致有机酸的积累（李清华等，2011）。在本试验土壤 Fe^{2+} 浓度随生育期延长呈下降，而 Mn^{2+} 却呈上升趋势有以下原因：首先，南方红壤性水稻土偏酸，pH 值多在 5.0~5.5，加上有机酸的积累使土壤酸性逐渐增强。研究表明在中性 pH 的好气土壤上锰以氧化物作为主要存在形式，但当 pH 值低于 7.0 时，Mn^{2+} 占优势，当 pH 值低于 5.5 或土壤被还原时，Mn^{2+} 就会大量存在于土壤溶液中（王秋菊等，2005），因而随土壤有机酸的积累，土壤酸性增强，土壤中 Mn^{2+} 也大量地富集；其次，水稻从苗期—分蘖期—成熟期这整个生育过程中，人为种植管理使土壤中的水分逐渐减少，这就使土壤接触氧的概率大大增强，研究表明 Fe^{2+} 接触到氧很快就会被氧化成高铁氢氧化物（陈春宏等，1992），这在一定程度上解释了土壤中 Fe^{2+} 随生育期进程减少的原因。从中也可看出，在冷浸田适当施用一些碱性改良性，既可中和有机酸，又可与 Mn^{2+} 及 Fe^{2+} 形成沉淀物质而可能缓解冷浸田水稻还原性物质毒害。

4.6 本章小结

还原性物质是冷浸田水稻主要障碍因子。本研究比较了冷浸田与同一微地貌单元内非冷浸田水稻根系土壤的还原性有机酸种类、浓度、动态及与水稻产量的关系。结果表明：冷浸田还原性有机酸主要以草酸为主，占有机酸总量的80%以上，且不同地形发育的冷浸田其有机酸总量、亚铁和亚锰的含量均显著高于对应的非冷浸田（$P < 0.05$）。这些还原性物质明显地抑制了水稻地上部和根系的生长，降低叶片叶绿素含量。随着生

育期的进程，有机酸与亚锰呈递增趋势，而亚铁呈递减趋势。单位浓度的还原性有机酸对籽粒产量的障碍贡献要高于亚铁而低于亚锰。

参考文献

陈春宏，张耀栋，张春兰，等.1992.铁、锰相互作用及其对植物生理生化的影响 [J].中国土壤与肥料，(6)：9-12.

李德华，向春雷，姜益泉，等.2005.低磷胁迫下水稻不同品种根系有机酸分泌的差异 [J].中国农学通报，(3)：186-201.

李清华，王飞，何春梅，等.2011.福建省冷浸田形成、障碍特性及治理利用技术研究进展 [J].福建农业学报，26 (4)：681-685.

莫淑勋.1986.土壤中有机酸的产生、转化及对土壤肥力的某些影响 [J].土壤学进展，(4)：86-90.

王秋菊、崔战利、王贵森，等.2005.土壤锰的研究现状及展望 [J].黑龙江八一农垦大学学报，17 (3)：39-42.

张晋科，张凤荣，张迪，等.2006.2004年中国耕地的粮食生产能力研究 [J].资源科学，28 (3)：44-51.

周卫，林葆.1996.棕壤中肥料钙迁移与转化模拟 [J].中国土壤与肥料，(1)：17-23.

5 冷浸田地力贡献特性

福建人多地少，耕地资源十分有限，耕地总体质量不高（邢世和，2003），随着城市建设的快速发展，一些良田被占用，耕地面积呈刚性减少态势，因而治理改良包括现有冷浸田在内的中低产田，提升单产水平，是解决福建人地矛盾紧张的重要举措。从发生地形看，福建冷浸田主要发生在山垅田（垅中）与平洋田（垅口）两种地形区域，但二者地力表现与施肥响应如何？与非冷浸田又有何差异？为此，本研究以福建闽侯典型冷浸田为例，通过监测不同地形发育的冷浸田与非冷浸田施肥对水稻生长发育的影响，以期明确冷浸田自然生产力与社会生产力（施肥管理）差异及其相互关系，进而为冷浸田改良提供科学依据。

研究区试验设在农业部福建耕地保育科学观测实验站（闽侯县白沙镇溪头村，119°04′E，26°13′N）。根据土壤发育地形特点划分为：①平洋冷浸田（烂泥层厚度25~30cm，属浅脚型烂泥田）；②平洋灰泥田（非冷浸田）；③山垅冷浸田（烂泥层厚度35~50cm，属深脚型烂泥田）；④山垅黄泥田（非冷浸田）；其中①与②发育于平洋垅口，③与④发育于山垅垅中。水稻品种为"中浙优1号"。供试土壤基本性状如表5-1所示。

表 5-1 供试土壤基本性状

地形部位	土壤类型	海拔高度（m）	pH	有机质（g/kg）	碱解 N（mg/kg）	速效 P（mg/kg）	速效 K（mg/kg）
垅中	山垅冷浸田	19	5.5	32.7	160.5	6.7	49.5
	山垅黄泥田	19	5.2	21.6	107.0	18.1	25.7
垅口	平洋冷浸田	12	5.3	33.7	173.4	5.5	49.5
	平洋灰泥田	12	5.0	23.7	149.4	4.3	49.5

$$基础地力贡献率（\%）= \frac{不施肥处理水稻籽粒产量}{常规施肥处理水稻籽粒产量（NPK）} \times 100；$$

肥料农学效率（每公斤肥料增产量）

$$= \frac{施肥处理水稻籽粒产量 - 不施肥处理水稻籽粒产量}{施肥量（NPK）}$$

5.1 冷浸田水稻分蘖期发育特征

图5-1可知，不施肥条件下，不同类型稻田水稻分蘖期分蘖数均以冷浸田的较低，

32

非冷浸田的较高,施肥均提高了不同类型稻田水稻分蘖数。从 7 月 21 日至 8 月 19 日 5 次观测的分蘖数来看,施肥比不施肥的山垅冷浸田增幅 1.6~5.8 穗/丛、黄泥田的增幅 0.6~3.2 穗/丛、平洋冷浸田的增幅 1.6~6.4 穗/丛、灰泥田的增幅 2.4~5.0 穗/丛,表明在水稻分蘖期,施肥对冷浸田水稻生长的敏感性要高于相应的非冷浸田。分析进一步表明,施肥对山垅冷浸田的水稻分蘖前期分蘖数影响更为明显,而对平洋冷浸田分蘖后期分蘖数影响更为显著。这可能是山垅冷浸田所处地形林荫日蔽,日照时数短,生育前期气温较低,磷素有效性差等,因而施肥对山垅冷浸田水稻分蘖前期的影响要比平洋冷浸田更为敏感。

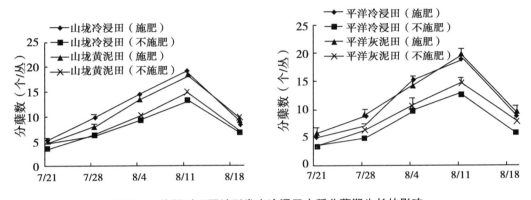

图 5-1　施肥对不同地形发育冷浸田水稻分蘖期生长的影响

5.2　冷浸田地力贡献率与施肥产量响应

监测结果表明,施肥对冷浸田分蘖期水稻的敏感性要高于相应的非冷浸田。冷浸田的基础地力贡献率比相应的非冷浸田基础地力贡献率低 6.8~7.0 个百分点(表 5-2),但施肥产量增幅比非冷浸田高 15.5~18.9 个百分点(图 5-2、图 5-3),施肥农学效率比相应的非冷浸田每公斤肥料提高 0.1~3.2kg 籽粒产量,这进一步说明冷浸田改造潜力大。另外,与垅口冷浸田相比,可能受山垅荫蔽气温较低、磷素有效性差等影响,施肥对垅中冷浸田分蘖期促进水稻分蘖生长及产量增幅效果更为明显,这也为山垅冷浸田增施肥料促进产量提升提供了依据。

表 5-2　冷浸田与非冷浸田基础地力贡献率及施肥农学效率比较

地形	类型	基础地力贡献率(%)	施肥农学效率(kg/kg)
垅中	山垅冷浸田	56.6	14.3
	山垅黄泥田	63.6	11.1
垅口	平洋冷浸田	63.0	11.8
	平洋灰泥田	69.8	11.7

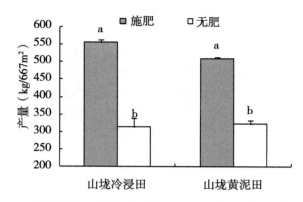

图 5-2　施肥对垅中地形发育冷浸田与非冷浸田籽粒产量的影响
注：按各土壤类型分别进行施肥与不施肥差异 5% 显著性统计

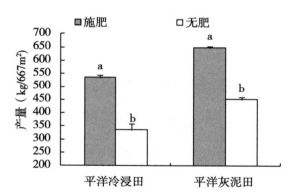

图 5-3　施肥对垅口地形发育冷浸田与非冷浸田籽粒产量的影响
注：按各土壤类型分别进行施肥与不施肥差异 5% 显著性统计

5.3　冷浸田施肥水稻籽粒养分与淀粉品质响应

由表 5-3 可知，施肥对籽粒养分的影响，各土壤类型表现趋势不一。然而，无论施肥与否，冷浸田籽粒 N、P、K 含量均高于相应的非冷浸田（山垅冷浸田 P 除外），其中山垅冷浸田的籽粒氮含量显著高于黄泥田（$P<0.05$），平洋冷浸田施肥条件下的 K 含量也显著高于灰泥田（$P<0.05$）。这可能与冷浸田产量较低，而养分含量相对浓缩有关。

从表 5-4 可知，无论施肥与否，冷浸田籽粒淀粉含量则均低于相应的非冷浸田，但未达到显著水平，从中说明冷浸田生境对植物生理如光合系统的影响可能对籽粒淀粉累积造成不利，这有待进一步深入研究。

表5-3　发育于不同地形冷浸田水稻籽粒养分

地形	土壤类型	N (g/kg)		P (g/kg)		K (g/kg)	
		施肥	无肥	施肥	无肥	施肥	无肥
垅中	山垅冷浸田	12.24 a	13.08 a	3.51 a	3.62 a	2.12 a	2.22 a
	山垅黄泥田	11.52 b	11.17 b	3.63 a	3.54 a	2.00 a	1.93 a
垅口	平洋冷浸田	13.99 a	13.91 a	3.69 a	3.75 a	2.14 a	2.08 a
	平洋灰泥田	12.79 a	13.14 a	3.48 a	3.71 a	1.78 b	1.84 a

注：字母标识是指按垅中与垅口分别进行列5%显著性差异。

表5-4　发育于不同地形冷浸田水稻籽粒淀粉含量　　　　　（%）

地形	土壤类型	施肥	无肥
垅中	山垅冷浸田	46.75 a	45.69 a
	山垅黄泥田	51.27 a	46.80 a
垅口	平洋冷浸田	51.57 a	53.36 a
	平洋灰泥田	56.27 a	61.04 a

注：字母标识是指按垅中与垅口分别进行列5%显著性差异。

5.4　冷浸田增产潜力分析

本研究表明，虽然冷浸田的基础地力贡献率比相应的非冷浸田低6.8~7.0个百分点，但施肥农学效率分别比相应的非冷浸田每公斤肥料提高0.1~3.2kg籽粒产量，说明施肥是挖掘冷浸田生产潜力的重要措施。由于冷浸田土壤磷钾养分含量普遍较低（柴娟娟等，2012），有别于一般高产的农田土壤。因此，要针对冷浸田的肥力特点，优化施肥方法，进一步提高冷浸田生产力。另外，以往研究表明，良好的基础地力是高产施肥的基础（王飞等，2010），就垅中稻田而言，冷浸田基础地力产量较黄泥田低133.5kg/hm²，但等量施肥条件下产量比黄泥田增产676.5kg/hm²，即冷浸田较低的地力水平施肥后反而获得更高的产量。这可能是黄泥田除了养分肥力较低外，还在于受土壤粘重、板结等不良限制因素影响，施肥还不足以发挥其生产潜力。值得一提的是，本试验条件下冷浸田通过施肥产量可达7 500kg/hm²以上，除了必要的工程、农艺措施外，还与近年来高产杂交品种、双季稻改种单季稻制等有关。由此，发挥冷浸田生产潜力，要根据现有政策，因地制宜，综合采用工程、农艺与生物等措施，开展综合治理与适度规模开发。这对提高江南地区粮食产量、保障国家粮食安全具有现实重要的意义。

5.5　本章小结

以典型冷浸田为例，通过田间试验，研究了不同地形发育的冷浸田与非冷浸田基础地力水平及其差异。结果表明，施肥处理的山垅冷浸田、山垅黄泥田、平洋冷浸田、平洋灰泥田籽粒产量分别比CK提高76.5%、57.6%、59.0%、43.5%，增产均达显著差异水平（$P<0.05$）。冷浸田的基础地力贡献率比相应的非冷浸田的低 6.8~7.0 个百分点，但施肥农学效率比相应的非冷浸田每公斤肥料提高 0.1~3.2kg 籽粒产量。冷浸田施肥产量增幅较相应的非冷浸田提高 15.5~18.9 个百分点。不论施肥与否，冷浸田籽粒养分总体高于相应的非冷浸田，但淀粉含量低于相应的非冷浸田。冷浸田基础地力贡献率低于非冷浸田，但施肥增产效应明显高于非冷浸田，施肥的山垅冷浸田产量甚至超过黄泥田，其改造增产潜力较大。此外，山垅冷浸田的施肥敏感性要高于平洋冷浸田。

参考文献

柴娟娟，廖敏，徐培智，等 . 2012. 我国主要低产水稻冷浸田养分障碍因子特征分析 ［J］. 水土保持学报，26（2）：284-288.

王飞，林诚，李清华，等 . 2010. 长期不同施肥方式对南方黄泥田水稻产量及基础地力贡献率的影响 ［J］. 福建农业学报，25（5）：631-635.

邢世和 . 2003. 福建耕地资源 ［M］. 厦门：厦门大学出版社，47-63，162-163.

6 冷浸田工程改良调查与效果评价

工程改良是冷浸田治理过程的关键环节。自 20 世纪 70 年代以来，在福建省各类工程项目的支持下，冷浸田治理取得较大成效，出现了一批成功的治理样板，有效促进了区域粮食农业生产发展。为适应全省高标准农田建设的需要，总结冷浸田治理成功的经验与不足，进而为进一步开展工程改良及提升冷浸田综合生产能力提供科学依据，项目组对 20 世纪 70 年代以来福建冷浸田主要治理工程改良效果开展了调查研究。

6.1 调查研究方法

本专题着重调查福建省不同时期水改工程类型、治理效果、存在问题及研究提高治理效果的配套措施。采用实地调查与室内资料收集统计相结合的方法。首先收集 20 世纪 70 年代以来福建省冷浸田工程治理及第二次土壤普查和土地详查等资料。实地调查了顺昌、建瓯、尤溪、永安、建宁和闽清等福建省主要冷浸田分布区域及具有代表性的治理工程，调查冷浸田水改区农业生产状况，访问当地农户，挖取土壤剖面，并采集必要的土壤进行室内检测分析。

6.2 冷浸田排渍工程类型

福建冷浸田多分布于山前倾斜平原交接洼地，受地表水与地下水混合，串排串灌，常年涝渍，水位高，土壤表层或整个土体潜育化，造成土壤耕性不良，生产力低下。因而排水工程是冷浸田治理的有效措施。20 世纪 70 年代以来，福建冷浸田治理典型工程——冷浸田开沟工程主要有如下方式类型。

6.2.1 按开沟工程的功能类型分

①截洪沟（防洪沟）：沿山坑周围的坡麓山田交界处开挖排洪沟，截洪防入侵，可达到洪水不进田的效果。截洪沟的大小应视集雨面积，按 5 年一遇排洪标准计算确定。

②导泉沟：是指在山垅低洼地，支垅交汇处，坡脚泉眼涌出处，挖一深沟，在地下水未溢出田面之前，拦截地下水并导向排水沟，达到冷泉水、毒锈水引出田的效果。

③排水沟：是以排除田面积水、导出冷泉水、毒锈水、降低地下水位为目的。含干、支、斗、农排水沟，或排灌两用沟，排水沟的大小、密度应根据山垅大小、地下泉水量及泉眼密度而定。

④截水沟：在有地下冷泉水溢出或锈水侧渗浸渍的田块内侧，为排出冷锈水而建的沟。

⑤轮灌沟：一般是在排水沟的基础上布置的，含斗渠、农渠或灌排两用渠，主要是

改变直流漫灌（串灌）为迂回水路引水轮灌。通常与修筑山塘水库等水源工程相结合。

6.2.2　按开沟工程的方式类型分

①明沟模式：a. 截洪沟一般采用明沟工程，沟宽 1m，沟深 0.4～0.8m，采用混凝土或砌石衬砌防护；b. 导泉沟的明沟工程，一般沟宽 0.3～0.5m，深 0.7～1.2m，应采用石块干砌；c. 排水沟的明沟工程，一般主干沟沟宽 0.8～1.5m，深 1.0～1.5m，垅顶窄浅，垅口宽深，沟距一般 40～50m，即通常所说的剖腹沟。一些地方还配套建有田间排水支沟，垅面较窄的呈"十"字形沟，垅面较宽的开"卅"或"井"或"非"字形沟，做到沟沟相通。田间排水支沟一般宽 0.5～0.8m，深 0.7～1.0m，排水沟一般采用石砌或混凝土（带导水沟）结构；d. 截水沟一般沟深 0.3～0.4m，沟宽 0.3～0.4m；e. 轮灌沟一般采用明沟模式，断面呈 U 形或梯形或矩形，渠高一般 15～40cm，宽度视来水量而定。

②暗管模式：暗管改造烂泥田具有省工、省本、减少投资、不占耕地等优点，较适用于小片深脚烂泥田的改造。坡地易垮塌地带或地下水集中的区域也宜采用暗管排水。暗管主要排除地下水或冷泉水。山垅田暗管宜沿地形等高线间隔 10～20m 布设，可采用波纹管、PVC 管等材料，管径大小视出水量而定，埋藏深度 0.9～1.2m。暗管管材渗水面每隔 0.1m 打 15mm 洞口，并外扎滤井布或土工布反滤。

在一些地方，在埋暗管的同时，还结合设检查井。检查井设置于地下暗管交汇、转弯、管径或坡度改变等处，用于清理井底下沉淀泥土，以防泥土流入管内造成堵塞。井径 0.5～0.8m，井深 1.2～1.5m，井内进水口应高于出水口 0.1m，井底留下 0.3～0.5m 沉沙深度。明式检查井顶部应加盖保护，暗式检查井顶部覆土厚度不小于 0.5m，检查井间距不大于 50m。

③明沟+暗管组合模式：对一些冷浸田面积大、垅口开阔的区域，冷浸田治理通常以明沟与暗管组合进行，如排水主沟、支沟多采用明沟，而导泉沟采用暗管将泉眼水导入明沟。

6.3　冷浸田典型排渍工程改良利用案例

6.3.1　顺昌县郑坊乡冷浸田石砌深窄沟—轮作改造工程

①地形部位：山地丘陵间长垅，纵坡降在 3°以下，冲沟呈 U 形，中部垅宽 200m 左右。

②主要成因：地表水与浅位地下水混合，串排串灌，常年涝渍，土壤表层或整个土体潜育化。主要土壤类型为深脚烂泥田与浅脚烂泥田。

③工程治改措施：20 世纪 80 年代初，建立了 64hm² 水改试验区。在原有水利设施（主排水沟、截洪沟）的基础上，修建了深 1m，宽 30cm 的石砌深窄沟（支沟）3 条共600 多米，并结合暗管排水（图 6-1，图 6-2）。

④治理成效：工程改造后产量连续 3 年逐年提高，由改造前年每 666.7m² 产量327.5kg 提高到改造后第三年年产 661.0kg，增幅 101.8%。从本次田间剖面调查来看

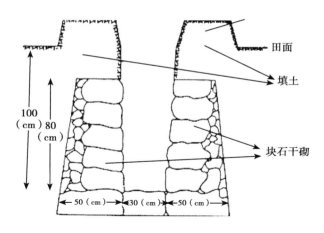

图 6-1　石砌深窄沟

图 6-2　石砌深窄沟实物

（图6-3至图6-5），石砌深窄沟改造后，离沟越近，土壤脱潜育效果越好，潴育层（W）的发育就越明显，土壤类型逐渐呈现由深脚烂泥田→浅脚烂泥田→青泥田→青底灰泥田的演变趋势，从农业机械化运用程度来看，靠沟较近的区域，已可进行拖拉机耕田与机械化收割。

图 6-3　距沟 5m

图 6-4　距沟 15m

图 6-5　距沟 25m

　　此外，从调查的土壤还原性物质来看，石砌深窄沟改造后，离沟越近，土壤活性还原性物质、Fe^{2+}、Mn^{2+}等毒性物质就越少（表 6-1）。其中，距沟 5m 的较距沟 75m 的活性还原性物质、Fe^{2+}、Mn^{2+}分别减少 69.4%、74.6%、82.0%，均达到显著差异（$P<0.05$），表明冷浸田经石砌深窄沟改造后，经过长期的排渍，降低了地下水位，通透性得到改善，其一定范围内的土壤还原性物质得到显著削减。此外，该治理区域已形成烤烟—水稻、水稻—油菜、葡萄、西瓜等多种水旱轮作的土地利用格局。因而总体来看，该区域是闽北冷浸田工程治理的一个典范。

表 6-1　石砌深窄沟改造冷浸田后的土壤还原性物质特征　　（0~20cm，冬闲田）

处理	还原性物质总量（cmol/kg）	活性还原性物质（cmol/kg）	Fe^{2+}（mg/kg）	Mn^{2+}（mg/kg）
距沟 5m	1.12 c	0.45 b	40.86 b	16.07 b
距沟 15m	1.44 b	0.51 b	86.32 ab	74.62 a
距沟 25m	1.42 b	0.66 b	89.89 ab	69.08 a
距沟 75m（对照）	1.87 a	1.47 a	161.19 a	89.52 a

注：2011 年 5 月冬闲田取样。

　　⑤存在问题与对策：a. 修建年份较久，部分石砌深窄沟塌方堵塞沟渠；b. 离支沟

较远处，还存在不同潜育程度的烂泥田，需进一步加强冬季犁田翻晒等田间管理。

6.3.2 建瓯市徐墩镇冷浸田排水主支沟—轮作改造工程

①地形部位：山地丘陵间长垅谷地，垅顶、垅中狭窄（两边距离50m左右），垅口宽阔（两边距离200m左右），垅面积100hm²。

②主要成因：垅顶山高林荫日蔽，垅中地表水与浅位地下水混合，侧向漂洗地下水或泉水浸渍，串排串灌，常年涝渍，土壤表层或整个土体潜育化。原主要土壤类型为冷水田、锈水田、深脚烂泥田与浅脚烂泥田。

③工程治理措施：1983—1984年，开展了中低产田改造，修筑了排水主沟（剖腹沟）长1 500m（沟深：1.5m，宽：1.5m），支沟2 400m（沟深：0.8m，宽：0.6m）（图6-6）。

④治理成效：工程改造后产量连续3年逐年提高，由改造前每666.7m² 年产量由540.2kg提高到改造后第三年年产量776.0kg，增幅43.6%。从本次调查来看，离主沟25m区域内稻田潜育化障碍（冷、烂）基本得到消除，尤其是在垅中主沟一侧结合起垄，长期种植蔬菜，干化效果明显。

⑤存在问题与对策：a. 缺少导泉沟，局部泉眼涌出，锈水现象还较普遍；b. 长期未清沟，淤泥沉积严重，长此以往，可能发生次生潜育化。因而应加强沟渠维护，定期疏浚沟渠，增加导泉沟等工程措施。

图6-6 建瓯市徐墩镇冷浸田治理

6.3.3 闽清县东桥镇冷浸田排水主支沟—轮作改造工程

①地形部位：山垅中部缓坡低洼区域，冲、洪积物堆积发育母质。

②主要成因：常年地表水与地下水浸渍，为地下水和地表水混合型串灌串排，土体潜育。原土壤类型为深脚烂泥田与浅脚烂泥田。

③工程治理措施：1991年，修建了一条主排水沟（长750m，沟深1.5~1.8m，面宽1.3~1.7m），两条支沟（长700m，沟深0.8~1.3m，面宽0.7~1.3m）（图6-7）。

④治理成效：改造后第一年，早稻增产1 554kg/hm²，晚稻增产83.7kg/hm²，分别增幅53.4%与44.0%（表6-2）。从本次调查来看，离主、支沟25m的田块干化效果明

图 6-7 闽清县东桥镇冷浸田治理

显，土壤已向青泥田、青底灰泥田或灰泥田类型演变。可进行水旱轮化（水稻—蔬菜）、机械化耕作，治理成效明显。

表 6-2 冷烂田改造对产量的影响

工程改造时间	测产时间	离主沟垂直距离产量（kg/hm²）			平均产量（kg/hm²）	改造前同期产量（kg/hm²）
		10m	20m	30m		
1991 年	1992 年早稻	4 800	4 470	4 125	4 464	2 910
1992 年	1992 年晚稻	4 470	4 080	3 765	4 106	2 850

⑤存在问题与对策：a. 排水沟淤泥与稻草沉积严重，部分区域发生次生潜育化；b. 基础设施配套不完善，缺乏灌溉沟，田块不够规整，离高标准农田建设标准尚有差距，稻田生产力有待进一步提升。因而应疏浚沟渠，进地土地平整等措施。

6.3.4 尤溪县新阳镇冷浸田排水主沟—轮作改造工程

①地形部位：丘陵间开阔平缓长坳低洼区域，冲洪积物堆积发育母质。

图 6-8 尤溪县肥新阳镇冷浸田治理

②主要成因：常年地表水与地下水浸渍，为地下水和地表水混合型串灌串排，土体

潜育。原土壤类型为锈水田、深脚烂泥田与浅脚烂泥田。

③工程治理措施：20世纪80年代，修建了一条主排水沟，长800m，沟深1.2～1.5m，面宽1.3～1.5m（图6-8）。

④治理成效：离排水沟一侧采用水旱轮化（水稻—烤烟），土壤干化效果明显，而另一侧由于常年浸冬，土体糊烂，除上游地势较高处田块向青格灰泥田演变外，大部分区域还呈烂泥田潜育特征，说明人为管理对工程整治后土壤改良影响明显。

⑤存在问题与对策：a. 坡地地表、地下径流不断倾泻田间，由于只设主排水沟，未修建截洪沟与排水支沟，排水效果不畅；b. 保持浸冬陋习，未翻耕晒白，加剧了土壤潜育化程度。因而应增加配套沟渠建设，加强水旱轮作，促进土壤脱潜。

6.3.5 闽清县梅溪镇冷浸田暗管—轮作改造工程

①地形部位：山前倾斜平原交接洼地，冲、洪积物形成冲洪积平原。

②主要成因：地下水和地表水混合，常年土体涝渍，原土壤类型为深脚烂泥田。

③工程治理措施：1997年，修建了一条长228m的暗管，采用10cm有波纹抗压耐腐塑管，面半圆上相隔10cm交叉打洞15mm口径的洞，后在波纹管洞口上方扎芒萁厚约30cm，主要起过滤作用以防洞口堵塞。埋管时，先开沟后埋管，一般沟开宽70～80cm，深1～1.2m。然后将暗管埋入土中，管孔朝上，斜度为0.5%以上。另每隔20m左右设一个暗井，暗井净宽50cm，长80cm，深在管口下20cm，四周用石砌。

④治理成效：改造后第一年可增幅22.6%。从本次调查来看，排水效果可有效辐射至暗管两边各30m区域，离沟越近，土壤沉实效果越好，适用于小片深脚烂泥田的改造。另外，从农业利用来看，通过茭白—芋头—水稻轮作制度，有效提高了农田综合生产力（图6-9）。

图6-9　闽清县梅溪镇冷浸田治理

⑤存在问题与对策：a. 支垅或泉眼处未设置暗管，无法导出局部地下积水与冷泉水，脱潜效果较差；b. 暗管偏小，暗管未进行长期有效维护，目前排水不畅。因而应科学测算集水面积，布置暗管规格与密度，同时，进一步研究有效疏通暗管的方法。

6.3.6 建宁县溪口镇冷浸田排灌配套—轮作改造工程

①地形部位：山前倾斜平原交接洼地，冲、洪积物形成长垅冲洪积平原，垅面积

约 33.3hm²。

②主要成因：地下水和地表水混合，常年土体涝渍，原土壤类型为深脚烂泥田与浅脚烂泥田。

③工程治理措施：20 世纪 80 年代，沿垅中间（垅宽 80m 左右）修建了一条长 1 000多米的石砌主排水沟，宽 80cm，深 1～1.1m，另每隔 30～40m 修宽 40cm，深 50～60cm 的排水支沟，另沿坡麓山田交界处开挖排洪沟，宽 2m，深 1.5m，在排洪沟内侧，还修建了灌溉渠（如图 6-10）。

图 6-10　建宁县溪口镇冷浸田治理

④治理成效：排水效果较好，基本解决了烂泥田的土壤渍水问题，土壤已向灰泥田演化，由于田块规整，沟渠配套，排灌自如。如今，通过蔬菜专业合作社形式发展设施蔬菜种植，农田生产力水平得到大幅度提高。

⑤存在问题与对策：排洪沟存在一定的淤积，部分区域存在塌方现象，应进一步加强截洪沟护岸工程建设。另外，该区域已具备作为蔬菜基地的条件，应进一步加强机耕道、微喷灌系统的建设，从而进一步提高农田生产力。

6.3.7　永安市小陶镇冷浸田排灌配套—轮作改造工程

①地形部位：山前倾斜平原交接洼地，冲、洪积物形成东西走向的长垅冲洪积平原，垅面积约 60hm²。

②主要成因：地下水和地表水混合，常年土体涝渍，原土壤类型为深脚烂泥田（泥碳底）与浅脚烂泥田。

③工程治理措施：1990 年，沿垅中间（垅宽 50m 左右）修建了一条长 1 011m 的主排水沟（剖腹沟），宽 80cm，深 1.0～1.3m，另修建了排洪沟 544m，支沟三条 300m，以及配套的引水渠、涵洞、水闸等综合治理工程（图 6-11）。

④治理成效：距离主沟越近，还原性物质总量与 Fe^{2+} 含量就越低（表 6-3），主干剖腹沟 20m 以内基本解决了烂泥田的土壤渍水问题，土体土壤已向灰泥田演化，经过土地平整，田块进一步规整，沟渠配套，目前已形成烟—稻—莴苣的轮作体系，农田复种指数得到大幅度提高。

图 6-11　永安市小陶镇冷浸田治理

表 6-3　离沟不同距离土壤化学性质

离主沟不同距离	还原性物质总量（cmol/kg）		Fe^{2+}（mg/kg）	
	0~20cm	20~40cm	0~20cm	20~40cm
离沟 2m	2.29	3.77	61.8	132.0
离沟 10m	3.68	4.58	177.6	198.0
离沟 20m	4.47	5.33	255.4	288.4
离沟 30m	5.04	6.51	204.5	313.3

注：取样时间为 2012 年 6 月。

　　⑤存在问题与对策：部分渠段存在塌方，渠道周边杂草丛生，应加强日常管护。另外，局部还存在泉眼，土壤尚未脱潜，应增设导泉沟，将泉眼溢水导流到主、支排水沟中。

6.4　冷浸田工程改良利用综合评价

　　综合上述调查结果，冷浸田通过开明沟与暗管工程改造，结合轮作制度，对长期改良土壤，提高冷浸田水稻产量成效明显，但治理工程归纳起来存在以下主要问题：①各类型沟渠工程配套不完善。一些冷浸田区域仅修建主排水沟，忽视排水支沟、截洪沟、导泉沟、灌溉沟等建设，一定程度影响冷浸田治理效果与农田生产力的提升；其次，冷浸田田块多不规整，配套的土地平整工程还需跟上，使得利于机械化耕作，离高标准农田还有差距；②工程沟渠普遍缺乏人为管理维护。调查发现，大部分排水沟或多或少存在沟渠堵塞塌方问题，一些原本脱潜的冷浸田发生了次生潜育化问题，使冷浸田治理效果大打折扣；③农田耕作管理及利用方式相对落后。一些农户还保留着浸冬陋习，土壤水、肥、气、热常年不协调，理化性状较差。此外，耕地单元零碎，使用权分散，缺乏适度规模经营，农田利用仅以单纯传统的水稻种植为主，尚未充分挖掘利用丘陵山区有利的生态潜力，农业产值偏低。因此，今后冷浸田工程治理需要进一步增加投入，完善与维护好农田水利配套设施，做到排灌结合。由于冷浸田工程改造施工难度、投入费用要高于其他类型中低产田，因而对冷浸田的工程改造投入预算要高于其他中低产田。另外，也需要给合水旱轮作、耕作等农艺措施与生物措施，进一步提高冷浸田改造利用水平，进而保障全省粮食安全与山区农民增产增收。

7 冷浸田深窄沟排水改良土壤质量演变

福建省丘陵山地多，降雨量丰富，独特地形与气候条件及传统粗放的人为管理等因素导致了冷浸田在福建省闽西北山区分布广泛。渍是影响土壤肥力的主导因素，因而开沟排渍是冷浸田改良的一个重要措施。排水沟的作用不仅仅在于通过快速排出多余的水分来降低积水对作物的胁迫，还起到干化土壤便于农业机械化的作用（Kamaa，M *et al*，2011）。据福建省建瓯县 30hm² 试验田统计，采用石砌深窄沟（主沟深 1.5m、宽 0.3m；支沟深 1m，宽 0.3m）开沟第 1 年每 666.7m² 增产稻谷 127kg，第 2 年再增产稻谷 79kg；据田间测定，在田间 25m 范围内，日渗水速度增加，还原性物质明显降低，氧化还原电位明显升高（福建省土壤普查办公室，1991）。20 世纪 70 年代末，在福建省顺昌县郑坊乡兴元垅建立 64hm² 水改试验区。据监测，采用石砌深窄沟的工程，有效降低了了地下水位，改善土壤理化性质，从而明显提高水稻产量。具体测定表明，1979 年底修建"石砌深窄沟"的田块，1980 年早、晚稻就获得明显增产，水稻每 666.7m² 均增产 179kg，增产 34%；1981 年每 666.7m² 又增产 65kg，增产 16%，而开浅沟排水的处理，水稻仅增产 9% 左右（林增泉等，1986）。

目前这些排渍沟工程距今均有 30 年的历史，长期深窄沟排水对土壤性质产生如何影响？另外，深沟排水可以提高水稻产量，但其对籽粒品质的影响尚少见报道。为此，2011—2014 年，以福建省顺昌县郑坊乡"石砌深窄沟"为监测平台（图 7-1）对距沟不同距离处的水土特性及水稻籽粒品质开展监测研究，以期揭示长期深沟排水对稻田肥力特性和品质的影响及其相互关系，为冷浸田开沟排水技术提供依据。

7.1 石砌深窄沟改造下冷浸田土体构型

经过 30 年的石砌深窄沟排水改造，不同距沟位点的土壤剖面构型呈现明显差异，距沟越近，土壤脱潜育效果越好，潴育层（W）的发育就越明显，其距沟 75m、25m、15m、5m 土体构型分别呈 Ag-AG- G、Ag-Ag/G-G、A-<Ap>-G、A-Ap-<W>-G 特征，土壤类型逐渐呈现由深脚烂泥田→浅脚烂泥田→青泥田→青底灰泥田的演变趋势（表 7-1）。从剖面斑纹丰度来看，距沟 5m 与 15m 的耕层呈灰黄色，其中距沟 5m 的耕层锈纹锈斑明显，丰度在 70% 以上，距沟 15m 的丰度为 40%~50%，耕层之下有黑色的二氧化锰沉淀。而距沟 25m 与 75m 的耕层糊烂，耕层土壤上部呈青灰色，锈纹锈斑极少，丰度为 1%~5%。另外，从农业机械化运用程度来看，靠沟较近的区域（15m 以内）已经可以进行拖拉机耕田与机械化收割，说明通过石砌深窄沟长期排水，距沟较近的位点（15m 以内）已逐渐脱潜，治理成效明显。

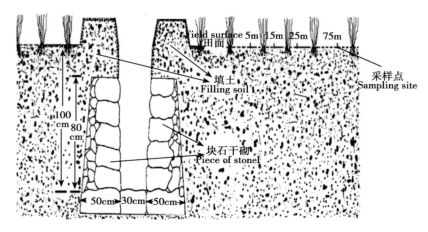

图7-1　冷浸田石砌深窄沟结构及采样点分布

表7-1　石砌深窄沟改造的冷浸田距沟不同位点土体构型

项目	距沟5m	距沟15m	距沟25m	距沟75m（CK）
	0~15cm（A）	0~15cm（A）	0~10cm（Ag）	0~3cm（Ag）
	15~18cm（Ap）	15~18cm（<Ap>）	10~20cm（Ag/G）	3~15cm（AG）
剖面构型	18~50cm（<W>）	>18cm（G）	>20cm（G）	>15cm（G）
	>50cm（G）	—	—	—
丰度（%）	>70	40~50	1~5	1~5

注：A表示耕作层；Ap表示犁底层；W表示潴育层；G表示潜育层；g表示因氧化还原交替而形成的锈斑纹。<Ap>和<W>分别表示犁底层和潴育层有发育，但不明显。

7.2　石砌深窄沟改造下农田地下水位变化

从2011年3月至2014年4月连续的地下水位动态变化监测（图7-2）可知，石砌深窄沟改造后的冷浸田，地下水位呈现明显分异，距沟5m、15m、25m、75m位点的地下水位分别为-16.7cm、-5.4cm、8.3cm、5.0cm。其中，距沟5m位点地下水位变幅为-62~13cm，变幅最大，表明改造后5m位点区域干湿交替最为明显，促进了烂泥田向有良好土体构型水稻田的转变；15m位点变幅为-18.0~12.0cm，变幅相对较小，且大部分时间分布于地下0~20cm，表明改造后15m位点区域地下水位得到明显降低，有利于烂泥田向青泥田演化；而25m位点与75m位点水位常年大部分时间处在地表之上，且总体较相近。其中，25m位点水位变幅为-2.0~23.0cm，而75m位点变幅为-4.0~16.0cm，趋势与距沟25m相似。从中也可看出，冷浸田距沟较近的点，土壤常处于干湿交替状态，从而有利于土壤潴育化过程，而距沟较远的点，土壤长期尚处于还原状态。从中也可知，石砌深窄沟对15m以内土壤降低潜水有明显效果。

图7-3表明，不同位点月平均地下水位与月降雨量呈一元二次函数关系（$P<$

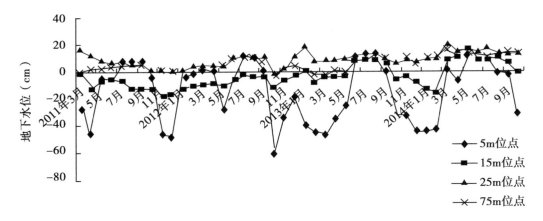

图 7-2　连续 3 年监测地下水位动态变化

0.05），从中可计算出，5m 位点与 15m 位点的降水量分别达到 244mm 与 179mm 时，地下水位为 0，而 25m 位点与 75m 位点拟合方程地下水位均在地表之上。

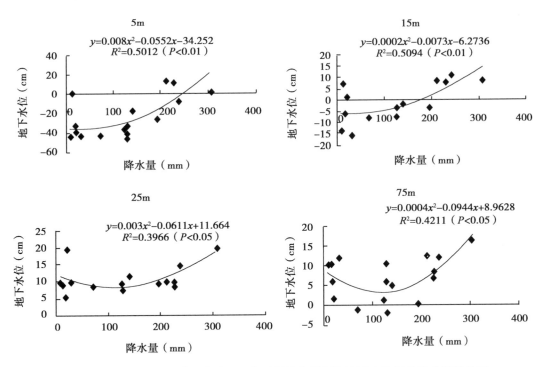

图 7-3　石砌深窄沟改造后冷浸田距沟不同位点月平均地下水位与月降水量的关系

7.3　石砌深窄沟改造下冷浸田土壤化学特性变化

石砌深窄沟改造后，距沟越近，土壤还原性物质总量、活性还原性物质、Fe^{2+}、

49

Mn^{2+}就越低（图 7-4），其中，距沟 5m 跟距沟 75m（CK）相比，还原性物质总量 2011 年和 2014 年分别减少 40.0%与 85.3%，平均 62.6%；活性还原性物质分别减少 69.2% 和 97.3%，平均 83.2%；Fe^{2+}分别减少 74.7%和 29.1%，平均 51.9%；Mn^{2+}分别减少 82.1%和 82.0%，平均 82.0%，差异均显著（$P<0.05$）；距沟 25m 的还原性物质总量和 Mn^{2+}也显著低于 CK（$P<0.05$）。这表明冷浸田经石砌深窄沟长期改造后，通透性得到改善，其一定范围内土壤还原性物质也得到削减。这与锈水透过石缝得到持续排除，从而降低地下水位有关。

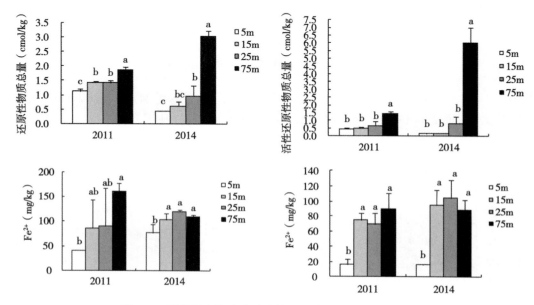

图 7-4 石砌深窄沟改造对冷浸田土壤还原性物质的影响

注：按 2011 年与 2014 年分别统计显著性差异

从土壤矿质养分来看（图 7-5），土壤碱解氮、有效磷和有效钾含量总体随着距沟距离的增大而降低。其中距沟 5m 的碱解氮含量两年分别较 CK 提高 43.2%和 38.2%，平均 40.7%，其碱解氮含量也均高于距沟 15m 和距沟 25m；距沟 5m 的有效磷含量两年份分别较 CK 提高 16.3%和 61.2%，平均 38.8%，其中 2014 年达到显著差异（$P<0.05$），距沟 5m 的有效磷含量也显著高于距沟 15m 和距沟 25m 的（$P<0.05$）；对有效钾而言，距沟 5m 的有效钾含量两年份分别较 CK 提高 306.6%和 62.4%，平均 184.5%。说明开沟后提高了距沟较近位点的土壤养分有效性。

不同离沟距离土壤 C/N 比均显著低于 CK（表 7-2），分别较 CK 降低 0.91~2.56 个单位，不同离沟距离的 C/P 与 N/P 比与 CK 相比均无显著差异。从中可看出，石砌深窄沟改造后 C/N 发生显著的演变，呈现出离沟距离越近，比值越低的趋势，说明长期开沟排水有效促进了土壤有机质的矿化。

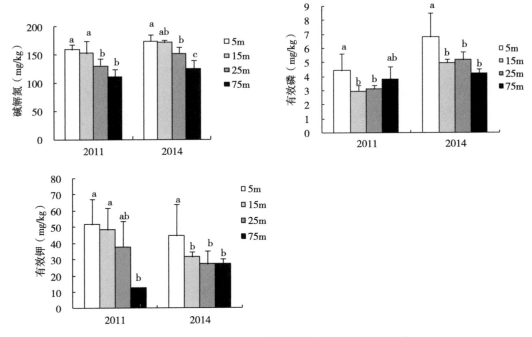

图 7-5　石砌深窄沟改造对冷浸田土壤速效养分的影响

注：按 2011 年与 2014 年分别统计显著性差异

表 7-2　不同离沟距离对土壤 C/N、C/P、N/P 的影响（2011 年）

处理	C/N	C/P	N/P
距沟 5m	9.90±0.34 c	49.40±3.15 a	5.00±0.23 a
距沟 15m	11.43±0.31 b	52.83±17.40 a	4.65±0.94 a
距沟 25m	11.55±0.18 b	45.65±3.84 a	3.95±0.17 a
距沟 75m（CK）	12.46±0.31 a	50.53±0.98 a	4.06±0.10 a

7.4　石砌深窄沟改造下冷浸田土壤酶活性变化

　　石砌深窄沟改造后土壤酶活性发生显著的变化（表 7-3）。开沟后的土壤转化酶与过氧化氢酶呈下降态势。其中，与 CK 相比，转化酶活性降幅为 36.6%~62.5%，均达显著差异水平；而土壤脲酶、酸性磷酸酶与硝酸还原酶均呈上升态势。其中，土壤脲酶、酸性磷酸酶增幅达 117.6%~217.0%、174.1%~393.2%，均达显著差异水平；硝酸还原酶增幅达 75.9%~796.3%，其中 5m 位点与 CK 差异显著。

51

表7-3　不同离沟距离土壤酶活性的影响（2011年）

处理	过氧化氢酶（0.1mol/LKMnO₄，mL/g 30min）	脲酶（NH₃-N mg/kg，24h）	转化酶（0.1mol/L Na₂S₂O₄，ml/g，24h）	酸性磷酸酶（Phenol，mg/100g，24h）	硝酸还原酶（NO₂-N ug/g，24h）
距沟5m	2.80±0.26 a	39.49±4.00 ab	1.58±0.14 c	92.91±7.70 a	4.84±1.86 a
距沟15m	3.09±0.31 a	44.12±10.33 a	2.22±0.33 bc	85.74±7.87 a	1.42±0.60 b
距沟25m	3.10±0.14 a	30.29±1.50 b	2.67±0.09 b	51.64±17.75 b	0.95±0.57 b
距沟75m（CK）	3.11±0.02 a	13.92±4.61 c	4.21±0.59 a	18.84±10.29 c	0.54±0.06 b

从不同离沟位点来看，石砌深窄沟改造后过氧化氢酶、转化酶活性随着离沟距离的增加而增加，其中25m位点转化酶显著高于5m位点（$P<0.05$）；而酸性磷酸酶、硝酸还原酶则表现相反的趋势，5m、15m位点酸性磷酸酶显著高于25m位点（$P<0.05$），5m位点硝酸还原酶显著高于15m、25m位点（$P<0.05$）。脲酶活性则以离沟15m位点最高，均显著高于离沟25m与离沟75m的（$P<0.05$）。

7.5　石砌深窄沟改造下冷浸田土壤微生物特性

冬闲田土壤可培养细菌和真菌数量均以15m处最高，75m处最低（表7-4）。这一结果表明，并不是土壤水分排出越多，越利于土壤微生物的生长。15m处的细菌数量与距排水沟较远的两个点（25m和75m）具有显著差异（$P<0.05$）。真菌数量在各取样点间均有显著差别，75m处最少，表明真菌更易受排水状况的影响。

表7-4　不同取样位点土壤微生物特征比较（2011年）

处理	细菌/（×10⁴cfu/g）	真菌/（×10³cfu/g）
距沟5m	10.60±1.09 ab	3.94±0.82 b
距沟15m	13.61±4.39 a	4.88±0.29 a
距沟25m	7.98±1.75 bc	2.60±0.39 c
距沟75m	5.16±0.27 c	0.23±0.05 d

温度梯度凝胶电泳（TGGE）分析表明，不同位点的微生物种群差异明显（图7-6）。用Quantity one软件分析TGGE图谱的条带并计算丰富度指数（Richness）和多样性指数（Shannon），发现在距排水沟15m处，无论是细菌还是真菌，其丰富度指数和多样性指数均最低（表7-5），而表7-4的结果是15m处细菌和真菌数量最多，可见，15m处的土壤环境可能只适合某些可培养微生物的生长繁殖，而抑制了其他一些种类。细菌在25m处具有最高的丰富度指数和多样性指数，这可能是由于25m处的氧化还原环境是一种好氧厌氧临界环境，不仅适合于好氧菌还适合于厌氧、兼性厌氧菌，种类较为丰富。而真菌却截然不同，在距排水沟最近的5m处具有最大的丰富度指数和多样性

指数，因为真菌大多为好气性，所以受土壤通气状况的影响很大，5m处排出渍水最多，土壤通透性最佳，土壤结构较好，因而相对于其他位点，更适合真菌生长。

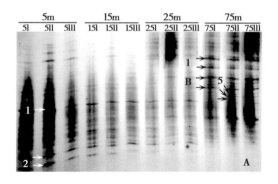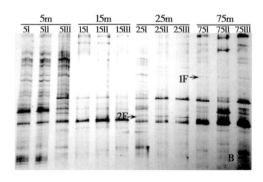

图 7-6　距排水沟不同取样点的 16S rDNA 和 18S rDNA 的 TGGE 指纹图谱（2011 年）

表 7-5　距排水沟不同取样点的微生物多样性特征（2011 年）

处理	Richness		Shannon（*H*）	
	细菌	真菌	细菌	真菌
距沟 5m	31±1 a	38±3 a	2.886±0.126 b	3.148±0.098 a
距沟 15m	29±3 b	15±4 b	2.772±0.109 b	2.055±0.225 b
距沟 25m	32±1 a	21±10 b	3.071±0.023 a	2.149±0.754 b
距沟 75m	30±1 a	18±4 b	2.917±0.053 ab	2.244±0.113 b

聚类分析表明，对于土壤细菌（图 7-7A），75m 处的聚为一大类，而其他位点聚为另一大类。而对于土壤真菌（图 7-7B），5m 处的聚为一大类，其他位点聚为另一大类，进一步说明开沟排水对真菌的影响程度要大于细菌。这与前面的结论一致。

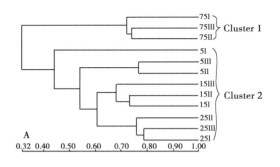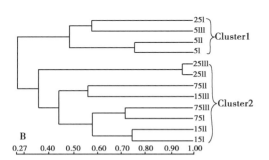

图 7-7　距排水沟不同取样点的 16S rDNA 和 18S rDNA 的 TGGE 指纹图谱聚类分析

冷浸田经石砌深窄沟改造后土壤微生物生物量碳、氮含量显著提高（图 7-8）。与 CK 相比，0~25m 位点土壤微生物生物量碳、氮分别提高 66.0%~99.0%、77.0%~275.1%，其中均以 15m 位点含量最高。由于土壤微生物生物量碳、氮均是土壤活性有机碳、氮的重要组成，二者增加反映了冷浸田长期开沟排水促进了有机质矿化，农田生产力正向高产方向演化。结合面上调查表明，一般深窄沟对 15m 以内的土壤脱潜效果明显，15~25m 为过渡区，即开沟有效距离在沟两侧 30~50m 范围内较为理想。这为开沟排水提供了理论依据。

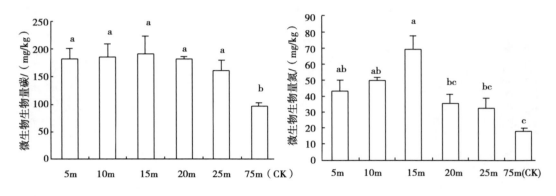

图7-8　不同离沟距离冷浸田土壤微生物生物量碳、氮含量（2014 年）

对离沟 5m、15m、25m 位点的土壤细菌和真菌进行荧光定量 PCR 分析（图7-9），结果表明，距离排水沟同一位点，细菌 16S rRNA 基因拷贝数明显高于真菌 18S rRNA 基因拷贝数；15m 位点的细菌 16S rRNA 基因拷贝数最高，5m 位点最低；而土壤真菌 18S rRNA 基因拷贝数在 5m 位点最大，之后明显减少。

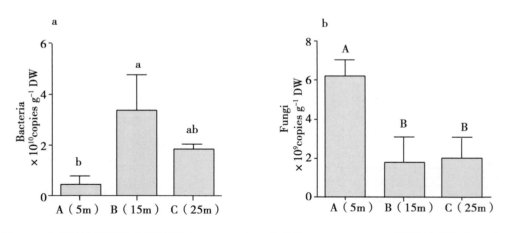

图7-9　不同离沟距离的土壤细菌 16S rRNA（a）和真菌 18S rRNA（b）基因拷贝数（2014 年）

Illumina 高通量测序分析显示每个离沟位点的细菌种群组成相似，而相对丰度存在差异（图7-10）。OTU（operational taxonomic unit，操作分类单元）数量随着距离的增加而减少；5m 和 15m 位点的 Chao1 指数高于 25m 位点（表7-6）。细菌优势菌群为变形菌门、酸杆菌门、浮霉菌门、绿弯菌门、泉古菌门、疣微菌门、放线菌门、硝化螺旋菌门、芽单胞菌门、绿菌门、拟杆菌门、WS3 和 NC10。值得注意的是，25m 位点某些厌氧菌的相对丰度高于 5m 和 15m 位点，例如螺旋体门、地杆菌属、互营杆菌属和脱硫杆菌属；而好氧菌如浮霉状菌属的丰度则是 5m 和 15m 位点高于 25m 位点（表 7-7）。真菌测序结果表明，各位点的优势菌群为子囊菌门、接合菌门、担子菌门、Un-s-fungal sp WEF9 和壶菌门。RDA 分析显示氧化还原电位和总还原物质是影响细菌和真菌群落结构的主要因素（图 7-11）。

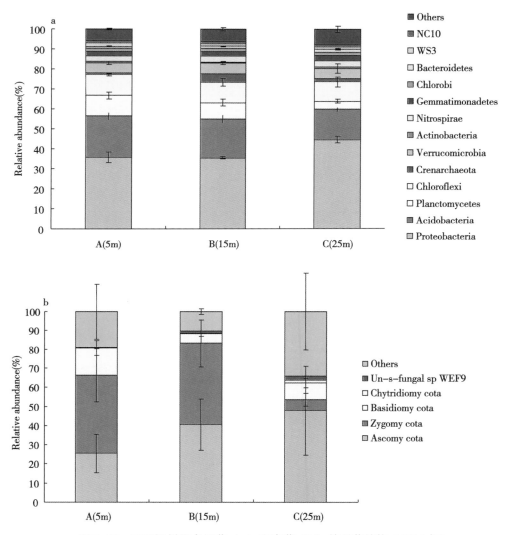

图 7-10　不同取样位点细菌（a）和真菌（b）的群落结构（2014 年）

表 7-6　不同取样位点细菌和真菌的多样性指数（2014 年）

	取样位点	覆盖率（%）	OTU 数目	Chao1 指数	Shannon 指数
细菌	5m	95.63 ± 0.26 a	2 961 ± 18.71 A	3 831.41 ± 169.90 a	9.94 ± 0.06 a
	15m	95.89 ± 0.16 a	2 899 ± 31.75 B	3 694.13 ± 160.27 a	9.89 ± 0.10 a
	25m	96.33 ± 0.52 a	2 807 ± 30.95 C	3 354.69 ± 169.58 b	9.99 ± 0.09 a

（续表）

	取样位点	覆盖率（%）	OTU 数目	Chao1 指数	Shannon 指数
	5m	98.77 ± 0.72 a	834 ± 331 a	859.85 ± 8.70 ab	5.16 ± 0.30 a
真菌	15m	98.26 ± 0.00 a	1021 ± 76 a	928.65 ± 35.09 a	4.60 ± 0.36 a
	25m	98.44 ± 0.14 a	955 ± 135 a	801.65 ± 54.51 b	4.58 ± 0.34 a

表 7-7　不同位点土壤中相对丰度具有显著差异的微生物种群（2014 年）

分类	A（距沟 5m）	B（距沟 15m）	C（距沟 25m）	备注
螺旋体门	0.0021 ± 0.0001 c	0.0026 ± 0.0001 b	0.0032 ± 0.0000 a	厌氧
浮霉状菌属	0.0270 ± 0.0062 a	0.0184 ± 0.0070 a	0.0061 ± 0.0021 b	专性好氧
地杆菌属	0.0044 ± 0.0006 b	0.0059 ± 0.0004 ab	0.0070 ± 0.0014 a	厌氧
互营杆菌属	0.0027 ± 0.0003 b	0.0029 ± 0.0002 b	0.0041 ± 0.0002 a	厌氧
脱硫杆菌属	0.0015 ± 0.0003 b	0.0023 ± 0.0004 b	0.0033 ± 0.0006 a	厌氧

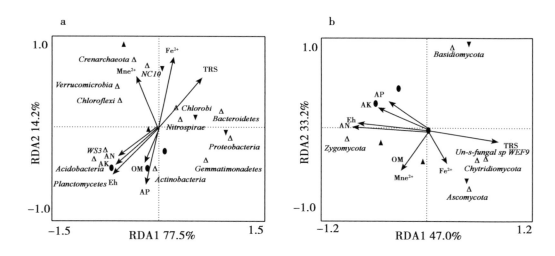

图 7-11　土壤细菌（a）和真菌（b）群落结构与环境因子的冗余分析

7.6　石砌深窄沟改造下土壤浸水容重、pH 值及水分含量变化

土壤浸水容重的大小在一定程度上反映水稻土在泡水时的淀浆、板结和肥沃程度。一般认为南方水田土壤浸水容重为 0.5~0.6g/mL 土壤耕性最好，0.5g/mL 以下的易起浆（《林景亮论文选》编委会，1995）。冷浸田由于土体糊烂发浆而具有较低的土壤浸水容重。从本研究结果来看（图 7-12），冷浸田经过石砌深窄沟改造后，0~25m 位点土壤浸水容重均提高，提高幅度为 3.2%~45.5%，且离沟越近，提高幅度越大，特别是离沟 5m 位点较 CK 达显著差异（$P<0.05$）。土壤 pH 值趋势与浸水容重相反，离沟越

近，土壤 pH 值越低。与 CK 相比，0~25m 位点土壤 pH 值分别降低 0.13~0.69 个单位，除 25m 位点外，其余位点 pH 值均显著下降（$P<0.05$）。这可能是土壤在淹水厌氧条件下部分 NO_3^--N 会发生反硝化作用，一定程度上提高了土壤 pH 值，而在好气条件下，易于 NH_4^+-N 的硝化作用和 NO_3^--N 的累积，导致土壤酸化（周晓阳等，2015）。说明冷浸田在开沟排水改良的同时应注意 pH 值的调节。

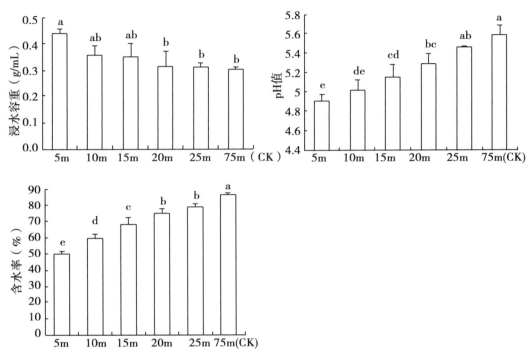

图 7-12 不同离沟距离冷浸田土壤浸水容重、pH 值及水分含量（2014）

7.7 石砌深窄沟改造下冷浸田水稻籽粒品质变化

水稻籽粒氨基酸含量均随着离沟距离的增加而呈下降趋势。其中，距沟 5m、15m、25m 的必需氨基酸与总氨基酸含量均显著高于 CK（$P<0.05$），距沟 5m 的氨基酸总量也显著高于距沟 25m（表 7-8，$P<0.05$）。与 CK 相比，距沟 5m、15m、25m 的籽粒淀粉含量均有不同程度提高，其中距沟 15m 与 CK 的差异显著（$P<0.05$），表明开沟排水一定程度上提高了籽粒营养品质。由表 7-9 可以看出，籽粒必需氨基酸、氨基酸总量与土壤还原性物质总量、活性还原性物质、亚铁等呈显著负相关（$P<0.05$），而与土壤碱解氮、有效磷等呈显著正相关（$P<0.05$）；此外，籽粒淀粉含量也与土壤活性还原性物质呈显著负相关（$P<0.05$）。说明冷浸田通过开沟排水，在削减还原性物质的同时，也提高了籽粒氨基酸品质。开沟排水还提高了籽粒氮素营养（表 7-10）。

表 7-8　石砌深窄沟改造后冷浸田距沟不同位点水稻籽粒品质（2013）

处理	必需氨基酸（%）	氨基酸总量（%）	淀粉（%）
距沟 5m	0.28 ± 0.01 a	5.65 ± 0.09 a	62.61 ± 1.76 ab
距沟 15m	0.28 ± 0.02 a	5.43 ± 0.37 ab	66.63 ± 3.23 a
距沟 25m	0.25 ± 0.02 a	5.11 ± 0.35 b	64.54 ± 2.56 ab
距沟 75m（CK）	0.23 ± 0.01 b	4.59 ± 0.11 c	60.59 ± 0.04 b

表 7-9　土壤化学特性与籽粒品质的相关系数

项目	必需氨基酸	氨基酸总量	淀粉
还原性物质总量	-0.83^{**}	-0.80^{**}	-0.53
活性还原性物质	-0.81^{**}	-0.79^{**}	-0.56^{*}
Fe^{2+}	-0.56^{*}	-0.58^{*}	0.29
Mn^{2+}	-0.54	-0.58^{*}	0.25
碱解氮	0.77^{**}	0.74^{**}	0.38
有效磷	0.64^{*}	0.68^{*}	0.18
有效钾	0.32	0.35	-0.07

注：* 和 ** 分别表示在 5% 和 1% 水平相关性显著（$n=12$）。

表 7-10　不同离沟距离水稻籽粒养分（2012—2014 年平均）

处理	N（g/kg）	P（g/kg）	K（g/kg）
距沟 5m	12.02 a	3.40 a	2.80 a
距沟 15m	11.67 a	3.36 a	2.85 a
距沟 25m	11.23 b	3.17 a	2.99 a
距沟 75m（对照）	10.67 c	3.54 a	3.11 a

7.8　石砌深窄沟改造下冷浸田籽粒产量及与土壤理化性状关系

不同离沟位点的产量发生明显的变化。从表 7-11 可以看出，冷浸田经过长期深窄沟排水，0~25m 各位点水稻籽粒产量较 CK 提高 6.3%~23.8%，差异均显著。且距沟越近，产量越高，其中，5m 位点水稻产量显著高于其余位点。秸秆产量表现出类似的趋势。将水稻籽粒产量与离沟距离拟合方程后发现，二者呈极显著负指数关系（图 6-13，$y=566.6^{*}\mathrm{e}^{(0.764/x)}$（$R^2=0.9901^{**}$），表明冷浸田经过石砌深窄沟长期改造后可显著提高作物产量，即使离沟较远的 25m 位点。

表 7-11　离沟不同距离与产量关系（2014）

离沟距离	籽粒（kg/hm²）	秸秆（kg/hm²）
0~5m	10 161 a	4 647 a
5~10m	9 648 b	4 526 a
10~15m	8 718 c	3 917 ab
15~20m	9 039 c	4 001 ab
20~25m	8 751 c	3 474 b
75m（CK）	8 205 d	3 558 b

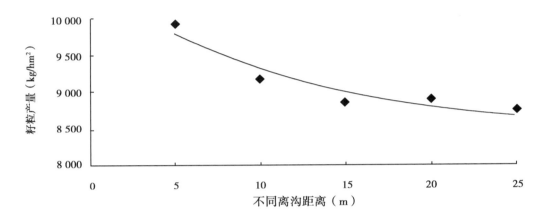

图 7-13　不同离沟距离冷浸田水稻籽粒产量与离沟距离的关系

表 7-12 显示，水分与 Eh、还原性物质总量、Fe^{2+}、Mn^{2+} 等土壤还原性指标均呈显著正相关（$P<0.05$）。土壤 pH 值土壤还原性物质总量、Fe^{2+}、Mn^{2+} 等土壤还原性指标均呈极显著正相关（$P<0.01$），而与产量呈显著负相关（$P<0.05$）；土壤有效钾与 Eh 呈显著正相关（$P<0.05$），而与还原性物质总量呈显著负相关（$P<0.05$），土壤有效磷与 Fe^{2+}、Mn^{2+} 呈显著负相关（$P<0.05$）。说明冷浸田开沟排渍在削减还原性物质的同时，养分得到活化提高。从产量关联因子来看，产量与 pH 值呈极显著负相关（$P<0.01$），与土壤有效磷呈显著正相关（$P<0.05$），而与土壤还原性物质总量、Fe^{2+}、Mn^{2+} 还原性指标呈显著负相关（$P<0.05$）。上述说明，对特定的冷浸田而言，土壤有效磷、有效钾与还原性物质呈彼消此长的关系，而土壤还原强度大小与有效磷含量均是影响水稻产量的主要因素。

表 7-12　土壤理化性质与产量间相关性

项目	水分	Eh	还原性物质总量	Fe^{2+}	Mn^{2+}	浸水容重	产量
水分	1.00	−0.25	0.80**	0.91**	0.74**	−0.71**	−0.89**
pH	0.93**	−0.47	0.75**	0.83**	0.65**	−0.65**	−0.81**

（续表）

项目	水分	Eh	还原性物质总量	Fe^{2+}	Mn^{2+}	浸水容重	产量
有机质	−0.09	0.1	0.08	0.03	−0.31	−0.05	−0.18
碱解氮	−0.34	0.47	−0.39	−0.13	−0.29	0.14	−0.01
有效磷	−0.74**	0.08	−0.36	−0.75**	−0.68**	0.58*	0.69**
有效钾	−0.57*	0.59*	−0.67**	−0.31	−0.26	0.36	0.28
微生物量碳	0.04	−0.08	−0.25	0.15	0.13	0	−0.11
微生物量氮	−0.30	0.50	−0.47	−0.04	0.01	0.09	0.06
产量	−0.89**	0.04	−0.70**	−0.87**	−0.60*	0.72**	1.00

7.9　石砌深窄沟改造冷浸田的工程借鉴

冷浸田在长期渍水条件下土壤中的氧气逐渐被消耗掉，在强烈的厌氧环境下，还原性物质如 S^{2-}、Fe^{2+}、Mn^{2+} 及有机酸等在土壤中大量累积，使冷浸田土壤产生毒害。冷浸田经过长期深窄沟排渍可降低地下水位，离沟越近常年平均地下水位越低，地下水位变幅也越大，土壤干湿交替较为明显。从本研究结果来看，冷浸田经过石砌深窄沟改造后，离沟较近的位点，由于地下水位降低，使得土壤水分含量下降，土壤通气状况得到明显改善，因此氧化还原电位显著提高，一部分土壤 Fe^{2+}、Mn^{2+} 还原性物质通过氧化沉淀，这可通过离沟较近位点土体锈纹、锈斑明显得到证实，另一部分还原性物质随着水分通过石砌的缝隙而逐渐排除，从而提高了土壤耕性条件，生产力水平随之提升。进一步研究表明，0~25m 位点土壤质量含水量与离沟距离二者间呈极显著负指数关系，表明随着离沟距离的增加，石砌深窄沟改造对冷浸田土壤水分的影响效果在减弱，而土壤水分是影响冷浸田还原状况的首要因素，因此土壤还原性物质也随着离沟距离的增加其削减效果在逐渐减弱。综合分析，离沟15m内尤为明显，可实现机耕，15~25m为过渡区。石砌深窄沟改造冷浸田可为当前开沟布局与沟渠工程结构提供借鉴，如本研究表明，一条深窄沟可管控沟两侧15~25m的有效距离。值得一提的是，随着当前山垄田复垦改造的兴起，水泥砂浆砌面多数替代了传统的石砌深沟工程，但从石砌沟得到的借鉴是应该在工程设计时预留有充足的排渍洞口，使沟渠兼具排泄与排渍的功能。但石砌深窄沟通过孔隙排渍降潜的机制还有待进一步研究。

7.10　本章小结

以福建省顺昌县持续运行约30年的石砌深窄沟为平台，连续3年监测长期深窄沟排渍对冷浸田地下水位、土壤化学特性及水稻籽粒品质的影响。结果表明，距沟75m（CK）、25m、15m、5m的冷浸田的土壤类型逐渐呈现由深脚烂泥田→浅脚烂泥田→青泥田→青底灰泥田的方向演变。距沟75m、25m、15m、5m位点的常年平均地下水位分别为5.0cm、8.3cm、−5.4cm、−16.7cm，其中距沟5m位点地下水位常年变幅为−62~

13cm，变幅最大。距沟越近，耕层土壤还原性物质则越低，而碱解氮、有效磷与有效钾则越高，其中距沟 5m 的还原性物质总量较 CK 平均降低 62.6%，而碱解氮、有效磷和有效钾平均分别增加 40.7%、38.8% 和 184.5%。

对离沟 5m、15m、25m 位点土壤荧光定量 PCR 结果表明，距离排水沟同一位点，细菌 16s rRNA 基因拷贝数明显高于真菌 18S rRNA 基因拷贝数；15m 位点的细菌 16s rRNA 基因拷贝数最高，5m 位点最低，而土壤真菌 18S rRNA 基因拷贝数在 5m 位点最大，之后明显减少。Illumina 高通量测序进一步分析显示每个位点的细菌种群类型相似，而相对丰度存在差异。OTU 数量随着距离的增加而减少；5m 和 15m 位点的 Chao1 指数高于 25m 位点。细菌优势菌群为变形菌门、酸杆菌门等；真菌测序结果表明，各位点的优势菌群为子囊菌门、接合菌门、担子菌门、Un-s-fungal sp WEF9 和壶菌门。RDA 分析显示氧化还原电位和总还原物质是影响细菌和真菌群落结构的主要因素。

长期开沟排水也提高了土壤浸水容重，提高幅度为 3.2%~45.5%，离沟 5m 的浸水容重增加最为明显；浸田经石砌深窄沟改造后土壤微生物生物量碳、氮含量显著提高（$P<0.05$）。与 CK 相比，0~25m 位点土壤微生物生物量碳、氮分别提高 66.0%~99.0%、77.0%~275.1%，其中均以 15m 位点含量最高。距沟 5m、15m 与 25m 位点的水稻籽粒氨基酸含量均显著高于 CK（$P<0.05$）。籽粒氨基酸含量与土壤还原性物质呈显著负相关（$P<0.05$），而与土壤碱解氮、有效磷呈显著正相关（$P<0.05$），籽粒淀粉含量也与土壤活性还原性物质呈显著负相关（$P<0.05$）。

稻谷产量与离沟距离二者呈极显著负指数关系，从产量关联因子来看，产量与土壤有效磷呈显著正相关（$P<0.05$），而与土壤还原性物质总量、Fe^{2+}、Mn^{2+} 还原性指标呈显著负相关（$P<0.05$）。

结合面上调查表明，深窄沟对 15m 以内的土壤脱潜效果明显，15~25m 为过渡区，即开沟有效距离在沟两侧 30~50m 范围内较为理想。这为开沟排水提供了理论依据。

参考文献

福建省土壤普查办公室 . 1991. 福建土壤［M］. 福州：福建科学技术出版社，199-204，335-344.

《林景亮论文选》编委会 . 1995. 林景亮论文选［M］. 福州：福建科学技术出版社，227-228.

林增泉，徐朋，彭加桂，等 . 1986. 冷浸田类型与改良研究［J］. 土壤学报，23（2）：157-162.

周晓阳，徐明岗，周世伟，等 . 2015. 长期施肥下我国南方典型农田土壤的酸化特征［J］. 植物营养与肥料学报，21（6）：1615-1621.

Kamaa M, Mburu H, Blanchart E, et al. 2011. Effects of organic and inorganic fertilization on soil bacterial and fungal microbial diversity in the Kabete long-term trial, Kenya［J］. Biology and Fertility of Soils, 47（3），315-321.

8 冷浸田水旱轮作改良利用

近年来，国内外关于稻田改制的研究较多。例如，曾希柏等研究了在当前红壤地区一些灌溉条件较差的稻田改制的可行性（曾希柏等，2007）；Phillips 对轮作下的氮、磷有效性进行了研究（Phillips et al, 1998, Phillips et al, 1999）；黄国勤等研究认为，稻田轮作生态效应显著，可起到改善土壤理化性状，提升系统生产力的效果（黄国勤，等 2006）。上述轮作主要目标是提升地力水平与土壤定向培肥，土壤障碍特征多不明显，而针对以潜育化为主要限制的冷浸田耕作制度变化及其土壤生态效应的研究尚少。

本研究通过冷浸田轮作改制试验，探讨福建冷浸田由单季稻制改为水旱轮作制后对稻田作物生产及土壤性质的影响，旨在为冷浸田治理与高效利用提供依据。研究区冷浸田所处地形为山前倾斜平原交接洼地，土壤类型为浅脚烂泥田，属潜育化程度较低的冷浸田。成土母质为低丘坡积物。试验前为冬闲—单季稻制。土壤基本性质：pH 5.3、有机质 34.0g/kg、全氮 2.01g/kg、全磷 0.32g/kg、全钾 13.0g/kg、碱解氮 173.4mg/kg、有效磷 5.5mg/kg、有效钾 49.5mg/kg，Fe^{2+} 169.0mg/kg、浸水容重 0.42g/cm^3、<0.01mm 物理性粘粒占 55.9%，土壤剖面构型 Ag-AG-G。设 5 个处理：①单季稻—冬闲（CK）；②油菜—水稻（R-R）；③春玉米—水稻（C-R）；④紫云英—水稻（M-R）；⑤蚕豆—水稻（B-R）。各作物品种、种植时间及施肥方法如表 8-1 所示。

表 8-1 作物种植方式与施肥方法

作物	品种	施肥量（kg/hm^2）	施肥方法	种植时间	种植方式
水稻	丰两优 1 号	120-48-84	磷肥全部基施，氮肥 50% 作基肥，50% 作分蘖肥，钾肥作分蘖肥施	7 月上旬	移栽
油菜	闽油 9 号	120-45-112.5	NPK 基肥、苗肥、苔肥分别占 50%，25%，25%，花芽分化前后喷施 0.2% 硼砂 2 次	11 月下旬	穴播
春玉米	郑白糯 6 号	225-112.5-180	NPK 基肥 50%，苗肥 25%，穗肥 25%	3 月上旬	移栽
紫云英	闽紫 7 号	0-27-0	拌种肥	10 月下旬	撒播
蚕豆	慈蚕 1 号	90-72-108	NPK 肥 50% 作基肥，50% 在花荚期施用	1 月下旬	穴播

试验自 2011 年 10 月上旬单季稻收割后开始，连续种植 4 茬旱作与 4 茬单季稻（其中 CK 于 2012—2015 年连续 4 年种植单季稻，冬季空闲），2015 年 10 月上旬结束。由

于冷浸田冬季地下水位高，旱作试验前，小区内四周开环沟（30cm×30cm），以适当降低地下水位。旱作期结合起畦栽培，畦高20cm。紫云英于盛花期（4月上旬）翻压，各旱作收获后秸秆按习惯全部粉碎回田并翻压入土，田间保持湿润状态，自然腐熟。水稻生育期各处理以浅水灌溉为主。

8.1　水旱轮作下作物产量与经济效益

由表8-2可以看出，不同水旱轮作后的4季水稻平均产量均呈不同程度地提高，其中不同轮作处理的籽粒产量较CK增幅18.3%~44.1%，均达到显著差异水平，不同轮作处理的秸秆产量较CK增幅16.1%~49.7%，差异极显著。不同轮作处理以C-R轮作模式的籽粒与秸秆产量最高。各处理总产值为水稻与各种旱作的经济产量与销售价格乘积之和。其中，稻谷、油菜籽、鲜玉米、鲜蚕豆荚销售价分别为3.0、10.0、4.0、5.0元/kg。从旱作期来看，不同轮作模式旱作期两季作物的平均产值也以C-R模式最高。综合2012—2015年旱作、水稻总产值与经济总效益来看，各轮作模式年平均总产值较CK增加3 150~45 839元/hm²，增幅18.3%~266.4%，经济总效益（总产值—总投入）较CK增加1 575~33 927元/hm²，增幅达27.8%~599.0%，均以C-R模式最高，其次为B-R模式。从产投比来看，不同轮作模式比CK提高0.06~1.20个单位，同样以C-R模式最高。从中可看出，M-R模式产投比在不同轮作模式中相对较低，主要是由于紫云英直接经济效益目前尚无适当的评价方法，但从间接效益来看，豆科作物通过根瘤固氮，作绿肥利用后给下茬作物提供了氮肥，根瘤固氮约占植株含氮量的80%，其长期改土培肥效应值得重视。

表8-2　轮作对水稻及旱作产量的影响（4年平均）

处理	水稻				旱作			总产值（元/hm²）	总投入（元/hm²）	产投比
	籽粒产量（kg/hm²）	秸秆产量（kg/hm²）	产值（元/hm²）	投入（元/hm²）	秸秆产量（kg/hm²）	产值（元/hm²）	投入（元/hm²）			
CK	5 735 c	3 588 c	17 204	11 541	—	—	—	17 204	11 541	1.49
R-R	7 494 ab	4 728 a	22 482	11 541	953	9 530	6 746	32 012	18 287	1.75
C-R	8 265 a	5 370 a	24 795	11 541	9 562	38 248	11 912	63 043	23 453	2.69
M-R	6 785 b	4 166 b	20 354	11 541	8 663	—	1 575	20 354	13 116	1.55
B-R	7 734 a	4 838 a	23 202	11 541	4 099	20 495	12 060	43 697	23 601	1.85

注：上述旱作收获物分别为油菜籽、玉米（鲜基）、紫云英（鲜基）、蚕豆荚（鲜基）。各处理总产值为各种作物的经济产量与销售价格乘积之和。稻谷、油菜籽、鲜玉米、鲜蚕豆荚销售价分别为3.0、10.0、4.0、5.0元/kg；投入包括肥料、种子、农药与劳工费用，水稻四者费用分别为1 416、825、300、9 000元/hm²，油菜分别为1 571、225、450、4 500元/hm²，春玉米分别为2 912、1 050、450、7 500元/hm²，紫云英分别为0、158、75、1 500元/hm²，蚕豆分别为1 485、1 200、375、9 000元/hm²。

表8-3显示，不同轮作提高了水稻收获期的有效穗数，其中第3年、第4年C-R模式的有效穗与CK相比均达到显著水平（$P<0.05$）。同样，各轮作模式不同程度提高

了水稻每穗实粒数，也以 C-R 模式最为明显，与 CK 差异显著（$P<0.05$），但不同处理的千粒重无明显差异。

表 8-3　不同处理对水稻收获期经济性状的影响

处理	第 3 年			第 4 年		
	有效穗（穗/丛）	每穗实粒数（粒/穗）	千粒重（g）	有效穗（穗/丛）	每穗实粒数（粒/穗）	千粒重（g）
CK	9.3 b	136.2 c	23.36 ab	8.4 b	123.2 b	27.46 a
R-R	12.0 a	145.2 bc	24.75 a	10.4 ab	146.0 ab	27.99 a
C-R	12.0 a	189.0 a	25.24 a	11.2 a	172.1 a	27.71 a
M-R	11.7 ab	161.8 abc	22.67 b	9.5 ab	148.3 ab	27.28 a
B-R	12.3 a	166.2 ab	23.69 ab	9.1 b	150.3 a	27.14 a

8.2　水旱轮作下水稻分蘖盛期净光合速率

描述光合速率对光合有效辐射响应曲线（Pn-PAR 曲线）的数学模型较多（吴吉林等，2005；王天铎等，1990）。本研究通过对数函数拟合旱作后水稻分蘖盛期光照强度与净光合速率的关系如下（图 8-1）。CK：$y=4.192\ln(x)-15.596$（$P<0.05$）；R-R：$y=3.8697\ln(x)-12.766$（$P<0.01$）；C-R：$y=3.1166\ln(x)-6.979$（$P<0.01$）；M-R：$y=4.2366\ln(x)-8.950$（$P<0.01$）；B-R：$y=5.0342\ln(x)-14.47$（$P<0.01$），其中 y 为净光合速率，x 为光照强度。从中也可看出，不同轮作模式下的同一光照强度下的水稻叶片净光合速率均高于 CK，说明不同轮作模式在增加水稻分蘖盛期光合色素的同时也提高了净光合速率，这有利于水稻植株干物质的累积。另外，B-R、M-R 轮作模式的拟合曲线较为接近，且同一光照强度下的净光合速率均高于其他轮作模式。

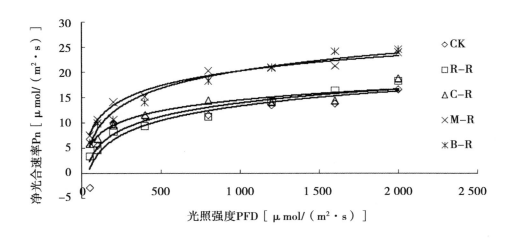

图 8-1　不同光照强度下水稻分蘖期净光合速率（第 2 年）

8.3 水旱轮作下土壤酶活性

不同轮作下水稻收获期土壤酶活性存在一定的差异。从表 8-4 可看出，M-R 模式的磷酸酶活性最高，较 CK 提高 68.2%，差异达到显著水平（$P<0.05$），也显著高于 R-R、C-R、B-R 模式。R-R 与 M-R 模式的转化酶活性分别较 CK 提高 243.0% 与 330.4%，并高于其他施肥模式；C-R 模式的过氧化氢酶活性最高，显著高于其他轮作模式（$P<0.05$），但与 CK 相比无显著差异。

表 8-4 不同轮作模式对水稻收获期土壤酶活性的影响（第 4 年）

处理	磷酸酶 （P_2O_5 mg/100g）	脲酶 （NH_3-N mg/kg）	转化酶 （0.1mol/L Na_2 S_2O_4 mL/g）	过氧化氢酶 （0.1mol/L· $KMnO_4$ mL/g）
CK	256.5 b	2.28 a	1.58 b	0.251 ab
R-R	224.1 b	1.66 a	5.42 a	0.246 bc
C-R	217.9 b	1.82 a	2.00 b	0.253 a
M-R	431.5 a	1.76 a	6.80 a	0.246 c
B-R	165.7 b	2.76 a	2.29 b	0.248 bc

8.4 水旱轮作下土壤碳氮磷特征

微生物生物量碳、水溶性有机碳均是有机碳的活性组分。从第 4 年监测结果来看，不同处理的水稻收获期土壤有机碳的含量无明显差异，但不同轮作均显著提高了微生物生物量碳含量及微生物生物量占有机碳的比重（$P<0.05$，表 8-5），二者分别较 CK 增幅 34.8%~47.1% 与 0.21~0.32 个百分点。不同轮作也不同程度提高了水溶性有机碳含量，其中，C-R、M-R 与 B-R 处理与 CK 差异均达到显著水平（$P<0.05$）。

表 8-5 不同处理对土壤活性有机碳组分的影响（第 4 年）

处理	有机碳 （g/kg）	微生物生物量碳 （mg/kg）	水溶性有机碳 （mg/kg）	微生物生物量碳/ 有机碳（%）
CK	22.3 a	132.0 b	442.5 c	0.59 b
R-R	21.4 a	178.0 a	497.3 bc	0.83 a
C-R	21.9 a	192.1 a	1225.0 a	0.88 a
M-R	22.5 a	178.6 a	748.2 b	0.80 a
B-R	21.6 a	194.2 a	730.3 b	0.91 a

微生物生物量氮与水溶性有机氮均是有机氮库的活性组分。表 8-6 显示，各轮作模式的全氮含量无显著差异，但 R-R、C-R、B-R 的微生物生物量氮较 CK 分别提高 32.6%、47.2% 与 70.6%，均达到显著差异水平（$P<0.05$）。同样，上述三处理的微生

物生物量氮占全氮的比重也较 CK 显著提高（$P<0.05$）。不同处理的可溶性有机氮无明显差异。

表 8-6　不同处理对土壤活性有机氮组分的影响（第 4 年）

处理	全氮 （g/kg）	微生物生物量氮 （mg/kg）	水溶性有机氮 （mg/kg）	微生物生物量氮/ 全氮（%）
CK	2.10 ab	46.36 c	5.93 a	2.21 c
R-R	1.94 b	61.48 b	4.62 a	3.16 ab
C-R	2.17 a	68.23 ab	4.47 a	3.14 ab
M-R	2.10 ab	60.31 bc	4.95 a	2.87 bc
B-R	2.23 a	79.08 a	5.59 a	3.59 a

土壤微生物生物量磷是活性有机磷的一部分。从表 8-7 可以看出，R-R、C-R 与 B-R 轮作的土壤微生物量磷较 CK 分别提高 38.5%、30.4%、39.2%，达到显著水平（$P<0.05$），不同轮作处理的微生物量磷也较 CK 有不同程度提高。其中，C-R 处理与 CK 差异达到显著水平（$P<0.05$），但不同处理的微生物生物量磷/全磷指标无显著差异。

表 8-7　不同处理对土壤全磷及微生物生物量磷的影响（第 4 年）

处理	全磷（g/kg）	微生物生物量磷 （mg/kg）	微生物生物量磷/ 全磷（%）
CK	0.34 b	7.17 b	2.13 a
R-R	0.47 a	8.41 ab	1.81 a
C-R	0.44 a	15.65 a	3.62 a
M-R	0.34 b	7.56 ab	2.22 a
B-R	0.47 a	13.78 ab	2.97 a

8.5　水旱轮作下土壤还原性物质、速效养分及浸水容重

从第 3 年、第 4 年水稻收获期的土壤速效养分来看（表 8-8），C-R、M-R、B-R 的土壤活性还原性物质均有不同程度地降低，其中第 3 年上述各处理与 CK 差异均达到显著水平（$P<0.05$）。从速效养分来看，除第 3 年 R-R 处理外，各轮作处理的水稻收获期土壤碱解氮与 CK 相对无明显差异。而各轮作处理的有效磷均有较明显提升，其中第 3 年各轮作处理的有效磷与 CK 差异均达到显著水平（$P<0.05$），而第 4 年的 R-R、C-R 与 B-R 处理的土壤有效磷均较 CK 有明显提高（$P<0.05$）；对土壤有效钾而言，轮作各处理均有提高土壤有效钾的趋势，其中第 3 年的 R-R 与 C-R 处理较 CK 显著提高（$P<0.05$），第 4 年 B-R 处理的土壤有效钾含量较 CK 显著提高（$P<0.05$）。

表 8-8　不同处理对土壤还原性物质及速效养分的影响

处理	第 3 年				第 4 年			
	活性还原性物质（cmol/kg）	碱解氮（mg/kg）	有效磷（mg/kg）	有效钾（mg/kg）	活性还原性物质（coml/kg）	碱解氮（mg/kg）	有效磷（mg/kg）	有效钾（mg/kg）
CK	2.23 a	128.2 b	7.2 c	27.5 b	0.57 a	185.1 a	16.3 c	39.9 b
R-R	1.68 a	139.7 a	21.0 a	40.7 a	0.61 a	168.4 a	28.7 ab	46.3 ab
C-R	0.23 b	124.6 b	10.6 b	43.4 a	0.54 a	161.4 a	27.3 ab	42.0 b
M-R	0.48 b	130.9 ab	10.4 b	32.8 ab	0.62 a	167.5 a	20.9 bc	42.0 b
B-R	0.33 b	126.4 b	12.5 b	38.1 ab	0.55 a	226.2 a	31.8 a	51.1 a

　　第 3 年与第 4 年连续监测显示（表 8-9），各轮作处理不同程度提高了水稻收获期土壤浸水容重。由于冷浸田土壤常年处于浸水状态，水分饱和，常处于发浆状态，土壤浸水容重较低，通过轮作后各处理土壤容重有所升高，反映出土壤得到一定沉实，土壤结构得以改善。

表 8-9　不同处理对水稻收获期土壤浸水容重的影响

处理	第 3 年（g/mL）	第 4 年（g/mL）
CK	0.37 c	0.26 b
R-R	0.40 bc	0.31 a
C-R	0.44 a	0.32 a
M-R	0.41 ab	0.31 a
B-R	0.39 bc	0.31 a

8.6　水旱轮作下水稻收获期土壤团聚体组成

　　由第 2 年与第 4 年水稻收获期土壤团聚体组成可以看出（图 8-2），不同处理耕层土壤水稳性团聚体以>2mm 团聚体为主，其次分别为 0.25~2mm 和<0.25mm 团聚体。轮作模式的土壤水稳性大团聚体（>2mm）数量均较 CK 处理有不同程度地降低，其中第 2 年 R-R、C-R 与 B-R 处理分别较 CK 降低 20.9、26.6、34.7 个百分点，差异均显著（$P<0.05$），第 4 年 B-R 模式较 CK 降低 24.6 个百分点，差异显著（$P<0.05$）；而中团聚体（0.25~2mm）数量除了 M-R 处理外，其余轮作方式均较 CK 有不同程度地提高，其中第 2 年 C-R 与 B-R 模式分别提高 18.6 与 22.0 个百分点，差异均显著（$P<0.05$），第 4 年 R-R 与 B-R 二者分别提高 13.5 与 15.2 个百分点，差异均显著（$P<0.05$）；从微团聚体数量（<0.25mm）来看，各轮作处理均较 CK 处理有不同程度地提高，其中第 2 年 B-R 与 R-R 处理分别较 CK 提高 12.6 与 9.2 个百分点，差异均显著（$P<0.05$），第 4 年 B-R 较 CK 处理提高 9.44 个百分点，差异显著（$P<0.05$）。

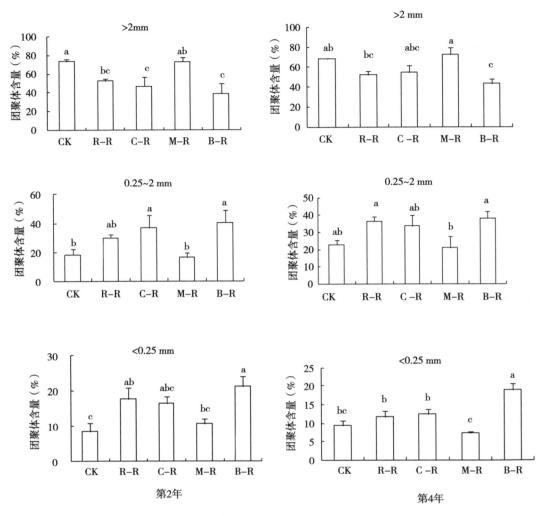

图 8-2　不同处理对水稻收获期土壤团聚体组成的影响

注：图中数据为平均值±标准误 Data±S$_e$（$n=3$）

8.7　水旱轮作下土壤剖面构型

　　不同轮作模式下的冷浸田水稻成熟期土壤剖面构型呈现明显差异（表8-10）。CK耕层土壤上部呈青灰色，表土0~4cm 锈纹锈斑极少，丰度介于 1%~3% 之间，而各水旱轮作模式的耕层上半部（A 层或 Ag 层）均呈暗灰黄色，锈纹锈斑丰度明显，丰度介于 15%~25% 之间，其中 C-R、B-R 模式的 A 层 0~11cm 尤为明显，M-R 模式 Ag 层的深度也比 CK 深 2cm；从耕层下半部（Ag 或 AG 层）来看，CK 为均匀的青灰色土层，无锈膜、锈斑，而 R-R、C-R、B-R 模式均为带锈纹锈斑的青灰色，且耕层深度比 CK深 2~3cm。表明通过水旱轮作，土壤耕层的透气性得到一定程度的改善，尤其是 C-R、B-R 模式。

表 8-10　不同轮作处理对土壤剖面构型的影响（第 2 年）

处理	CK	R-R	C-R	M-R	B-R
剖面构型	0~4 (Ag)	0~8 (A)	0~11 (A)	0~6 (Ag)	0~11 (A)
	4~18 (AG)	8~20 (Ag)	11~21 (Ag)	6~19 (AG)	11~21 (Ag)
	>18 (G)	>20 (G)	>21 (G)	>19 (G)	>21 (G)

注：A 表示耕作层；G 表示潜育层；g 表示因氧化还原交替而形成的锈斑纹。

8.8　水旱轮作下土壤磷素形态及有效性

8.8.1　土壤无机磷、有机磷组分含量变化

冷浸田经过 4 年 8 茬不同轮作制度后，土壤有机磷、无机磷组分含量变化如表 8-11 所示。不同耕作制度各处理土壤无机磷各组分含量大小顺序均表现为 Fe-P> O-P> Ca-P> Al-P，说明在南方潜育性水稻土中无机磷组分以 Fe-P、O-P 为主。与 CK 相比，在轮作制度下土壤 Fe-P、O-P、Ca-P、Al-P 组分增幅分别为 22.5%~82.4%、17.3%~85.9%、56.6%~135.4%、14.6%~78.3%，无机磷总量增幅 25.9%~90.7%，除 M-R 处理外，其余各轮作制度与 CK 差异显著（$P<0.05$）；在各轮作制度下无机磷组分含量以 B-R 处理最高，但与其他轮作处理差异不显著。

表 8-11　不同轮作下土壤无机磷含量（mg/kg）

处理	Fe-P	Al-P	Ca-P	O-P	TIP
CK	82.4 c	8.58 b	25.2 c	45.7 b	161.8 c
R-R	127.9 ab	10.48 a	54.5 a	81.7 a	274.6 ab
C-R	139.3 a	14.51 a	59.2 a	84.5 a	297.5 a
M-R	100.9 bc	9.84 a	39.4 b	53.5 b	203.7 bc
B-R	150.3 a	15.30 a	58.1 a	84.9 a	308.5 a

从轮作制度对有机磷各组分的影响来看（表 8-12），CK、M-R 处理有机磷组分含量大小顺序为 MLOP >HSOP> MSOP >LOP，其余轮作制度下有机磷组分含量大小顺序为 MLOP> MSOP >HSOP> LOP。与 CK 相比，轮作各处理不同程度提高了 LOP、MLOP 与 MSOP（M-R 处理除外）组分含量，三者分别较 CK 增幅 83.2%~97.0%、19.9%~70.7%、5.6%~15.4%，其中 MLOP 含量除 M-C 外，均达到显著差异水平（$P<0.05$）。表 8-12 同时表明，除 M-R 外，各轮作处理可显著降低土壤 HSOP 含量（$P<0.05$），说明在冷浸田上进行轮作可提高土壤有机磷活性。不同轮作制度土壤有机磷总量增幅达 4.9%~12.7%，但与 CK 无显著差异。

表 8-12　不同轮作下土壤有机磷含量（mg/kg）

处理	LOP	MLOP	MSOP	HSOP	TOP
CK	3.12 b	55.0 c	29.5 a	52.0 a	139.6 a
R-R	5.71 a	87.2 a	34.1 a	23.1 b	150.1 a
C-R	6.15 ab	85.7 ab	31.2 a	23.4 b	146.4 a
M-R	6.06 ab	65.9 bc	29.4 a	34.6 ab	136.0 a
B-R	6.34 ab	93.9 a	33.6 a	23.5 b	157.3 a

注：LOP-活性有机磷；MLOP-中等活性有机磷；MSOP-中等稳定性有机磷；HSOP-高稳定性有机磷；TIP-无机磷总量；TOP-有机磷总量

8.8.2　无机磷组分、有机磷组分占总量的比重变化

各处理间无机磷组分 Fe-P、Al-P、Ca-P、O-P 占总无机磷比重范围分别为 46.6%~50.9%、3.82%~5.31%、15.6%~19.9%、26.3%~29.7%（图 8-3），虽然轮作处理各无机磷组分含量较 CK 均有提高，但在总无机磷中的分布比例整体差异不大；各处理有机磷组分 LOP、MLOP、MSOP、HSOP 占有机磷比重范围分别为 2.2%~4.5%、39.4%~59.7%、21.1%~22.7%、15.4%~37.2%，与 CK 处理相比，各轮作处理提高了活性较高的 LOP、MLOP 组分间的比例，而降低了 HSOP 在有机磷中的比重（图 8-4）。

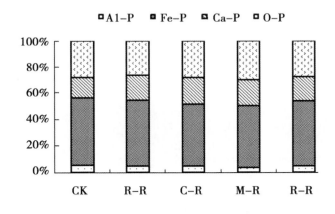

图 8-3　无机磷组分占无机磷总量的比重

8.8.3　水稻产量与不同磷素组分间相关性

土壤不同磷素组分间存在一定的动态平衡。从表 8-13 可以看出，土壤有效磷、全磷与无机磷组分间呈极显著正相关（$P<0.01$），与有机磷中有效性较高的 LOP（活性有机磷）、MLOP（中等活性有机磷）呈极显著正相关（$P<0.01$），与有效性较低的 HSOP（高等稳定性有机磷）呈极显著负相关（$P<0.01$）。从产量与磷素间的相

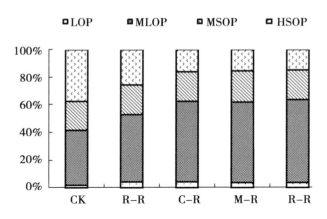

图 8-4　有机磷组分占有机磷总量的比重

关性来看，水稻籽粒产量与土壤全磷、有效磷与无机磷各组分及总量间呈极显著正相关（$P<0.05$），与 HSOP 呈显著负相关（$P<0.05$），与有机磷中有效性较高的 LOP（活性有机磷）、MLOP（中等活性有机磷）呈极显著正相关（$P<0.01$），与有机磷总量无显著相关。这说明提高冷浸田土壤无机磷组分或活性有机磷组分含量可促进作物增产。

表 8-13　水稻籽粒产量与磷素间相关性分析

项目	AP	TP	Al-P	Fe-P	Ca-P	O-P	LOP	MLOP	MSOP	HSOP	OP	IP
TP	0.81**	1										
Al-P	0.80**	0.68**	1									
Fe-P	0.92**	0.85**	0.89**	1								
Ca-P	0.82**	0.74**	0.69**	0.85**	1							
O-P	0.72**	0.82**	0.72**	0.89**	0.74**	1						
LOP	0.68**	0.36	0.60*	0.64**	0.56*	0.51*	1					
MLOP	0.73**	0.78**	0.65**	0.83**	0.75**	0.88**	0.58*	1				
MSOP	0.4	0.41	0.34	0.50*	0.52*	0.63**	0.25	0.47	1			
HSOP	-0.68**	-0.55*	-0.56*	-0.64**	-0.80**	-0.45	-0.66**	-0.56*	-0.37	1		
OP	0.24	0.35	0	0.28	0.08	0.45	-0.04	0.42	0.14	0.35	1	
IP	0.94**	0.87**	0.87**	0.98**	0.89**	0.84**	0.64**	0.80**	0.42	-0.73**	0.2	1
籽粒产量	0.72**	0.73**	0.65**	0.79**	0.81**	0.71**	0.59*	0.77**	0.11	-0.62*	0.18	0.83**

8.9　水旱轮作下水稻收获期土壤微生物特征

8.9.1　土壤微生物区系

由表 8-14 可以看出，各轮作模式水稻收获期土壤微生物区系与功能性菌数量呈不同程度地增加。其中，C-R 与 B-R 模式的细菌数分别较 CK 提高 285.7% 和 403.0%，B-R 的真菌数较 CK 提高 221.7%，R-R、C-R、B-R 的纤维素菌分别较 CK 提高 67.5%、92.2%、64.6%，B-R 的固氮菌较 CK 提高 162.2%，差异均显著（$P < 0.05$）。放线菌则无明显差异。这表明水旱轮作的冷浸田土壤总体有利于土壤微生物生长繁殖。

表 8-14　不同轮作对水稻收获期土壤微生物区系与功能菌的影响（第 2 年）

处理	细菌	真菌	放线菌	纤维素菌	固氮菌
CK	2.30 c	0.023 b	25.3 a	2.43 c	1.27 b
R-R	6.30 bc	0.041 ab	14.7 a	4.07 ab	2.23 ab
C-R	8.87 ab	0.045 ab	18.0 a	4.67 a	2.77 ab
M-R	1.57 c	0.055 ab	12.0 a	2.77 bc	1.63 ab
B-R	11.57 a	0.074 a	28.3 a	4.00 ab	3.33 a

注：$\times 10^5$ cfu/g

8.9.2　土壤细菌群落丰富度和多样性

Illumina 高通量测序结果显示，15 个土壤样品共获得 283 774 条 16S rRNA 基因序列，每个样品序列数为 10 782~23 786 条，为保证后续 alpha 和 beta 多样性的可比性，对所有样品随机抽取 10 000 条序列。丰富度指数（Chao 1 指数）和操作分类单元（OTU）数目反映群落物种丰富度，由表 8-15 可知，CK 处理土壤细菌 Chao 1 指数最高，达 3 016.21，水旱轮作模式降低了土壤细菌的丰富度，R-R、C-R、M-R 和 B-R 处理 Chao1 指数比冬闲对照分别降低 13.65%、13.68%、4.21% 和 13.99%。OTU 数目与 Chao 1 指数显示相同的变化趋势，即水旱轮作降低了土壤细菌 OTU 数目。Shannon 和 Simpson 指数可反映土壤细菌群落的多样性，表 8-15 显示水稻—冬闲和水旱轮作模式土壤细菌多样性无显著性差异。

表 8-15　不同轮作模式下土壤细菌群落多样性指数

处理	丰富度指数（Chao 1 指数）	操作分类单元数目（OTU）	Shannon 指数	Simpson 指数
CK	3 016.21±134.67 a	1 903±116 a	9.32±0.36 a	0.99±0.00 a
R-R	2 604.41±239.50 b	1 593±181 b	8.74±0.45 a	0.99±0.00 a
C-R	2 603.49±81.66 b	1 626±94 b	9.01±0.26 a	0.99±0.00 a

（续表）

处理	丰富度指数 （Chao 1 指数）	操作分类单元数目 （OTU）	Shannon 指数	Simpson 指数
M-R	2 889.16±123.35 ab	1 667±73 ab	8.94±0.0.14 a	0.99±0.00 a
B-R	2 594.11±218.78 b	1 627±177 b	8.95±0.29 a	0.99±0.00 a

8.9.3 土壤细菌群落结构

在门分类水平上，各轮作处理的土壤细菌群落组成相似（图8-5）。主要包含变形菌门（*Proteobacteria*）、酸杆菌门（*Acidobacteria*）、拟杆菌门（*Bacteroidetes*）、绿弯菌门（*Chloroflexi*）、放线菌门（*Actinobacteria*）、厚壁菌门（*Firmicutes*）、浮霉菌门（*Planctomycetes*），占全部细菌丰度的71.88%~80.09%。此外，还含有装甲菌门（*Armatimonadetes*）、蓝藻细菌（*Cyanobacteria*）、迷踪菌门（*Elusimicrobia*）、芽单胞菌门（*Gemmatimonadetes*）、硝化螺菌门（*Nitrospirae*）等相对丰度较低（<1%）的细菌群落。各样品中还有14.92%~22.89%的菌，属于目前分类学无法划分的细菌种类。

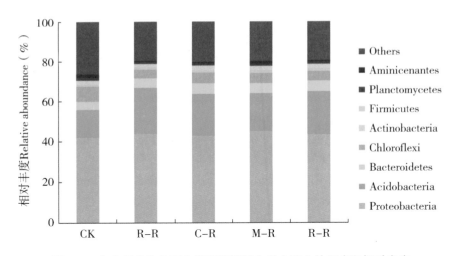

图8-5 各水旱轮作处理土壤细菌群落在门水平上的组成和相对丰度

变形菌门是土壤中最为优势的菌群，占41.6%~44.8%，各轮作处理间变形菌门丰度没有显著差异。对于变形菌门而言，其4个亚群的分布在各轮作处理间发生了变化（图8-6）。与CK相比，水旱轮作土壤α-变形菌和γ-变形菌相对含量呈增加趋势（P<0.05），分别增加了49.4%~82.6%和38.9%~61.5%。而δ-变形菌相对丰度从CK处理的15.0%下降至水旱轮作处理的9.0%~11.3%。属于α-变形菌的根瘤菌目（*rhizobiales*）轮作后丰度显著增加（P<0.05）。酸杆菌门（*Acidobacteria*）是冷浸田土壤中第二大优势菌群，其丰度在CK处理中最低为14.2%，水旱轮作模式明显增加了酸杆菌的丰度（P<0.05），R-R、C-R、M-R和B-R分别较CK处理增加了62.4%、48.8%、33.5%和51.8%，表明水旱轮作的土壤环境更有利于酸杆菌门的生长。

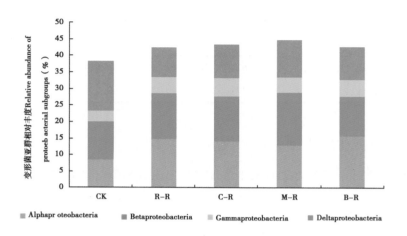

图 8-6　各轮作处理土壤变形菌亚群分布情况

土壤中一些丰度较低的细菌菌群也发生了显著变化。与 CK 相比,水旱轮作土壤放线菌门(*Actinobacteria*)和硝化螺旋菌门(*Nitrospirae*)相对丰度分别增加 27.3% ~ 82.7% 和 114.3% ~ 180%;而绿弯菌门(*Chloroflexi*)相对丰度则减少 30.0% ~ 39.7%。

土壤细菌群落在属水平上的分布也发生了改变(图 8-7)。各水旱轮作处理土壤中 *Acidobacteria* GP1、*Acidobacteria* GP3、*Acidobacteria* GP6、*Acidobacteria* GP18、*Sideroxydans*、unclassified Alphaproteobacteria、unclassified Betaproteobacteria、unclassified Deltaproteobacteria、unclassified *Rhodospirillaceae*、unclassified *Rhizobiales*、*Pseudolabrys*、*Bradyrhizobium*、*Rhizomicrobium*、unclassified *Chloroflexi*、unclassified *Anaerolineaceae*、unclassified *Bacteroidetes* 的相对丰度 > 1%。其中酸杆菌门包含的菌属最多,GP1、GP3、GP6 和 GP18 占全部菌属的 9.8% ~ 17.2%。在不同轮作处理中有一些丰度发生显著变化的属,例如 GP1、亚硝化螺菌属(*Nitrosospira*)、短根瘤菌属(*Bradyrhizobium*)、*Rhizomicrobium* 在 CK 处理中含量最低,水旱轮作后丰度分别增加 61.8% ~ 265.3%、67.8% ~ 113.6%、4.8% ~ 60.8% 和 99.2% ~ 194.6%;铁氧化属细菌(*Sideroxydans*)相对丰度在 CK 处理中最高,轮作后丰度减少 33.7% ~ 57.8%。

8.9.4　聚类分析

对样品进行聚类分析,结果如图 8-8 所示。样品可以分为两大类,第 1 类:CK 和 M-R;第 2 类:R-R、C-R 和 B-R。单季稻—冬闲和紫云英—水稻轮作之间土壤细菌群落结构无明显差异,玉米、蚕豆和油菜这 3 种旱作作物与水稻轮作对土壤细菌群落结构无明显影响。

8.9.5　环境因子对水旱轮作冷浸田水稻土壤细菌群落结构的影响

对不同水旱轮作处理土壤理化因子与细菌群落多样性进行相关分析(表 8-16)。OTU 和 Chao1 指数和理化因子间有着密切的相关性。其中,OTU 数目与 TP、AP 呈显

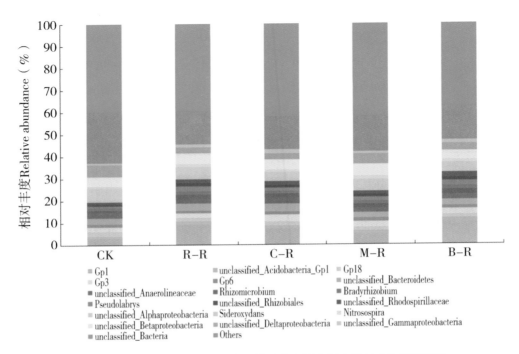

图 8-7 各水旱轮作处理土壤细菌群落在属水平上的组成和相对丰度

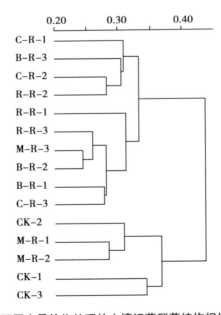

图 8-8 不同水旱轮作处理的土壤细菌群落结构相似度树状图

著负相关（$P<0.05$），与 pH 呈极显著负相关（$P<0.01$），Chao1 指数与 TP、AP 和 pH 呈极显著负相关（$P<0.01$）；OTU 数目、Chao1 指数与 TK 呈显著正相关（$P<0.05$）。

表 8-16　土壤性质与细菌群落多样性指数的相关性

	OM	TN	TP	TK	AN	AP	AK	pH
OTU	0.031	-0.199	-0.551*	0.525*	0.157	-0.59*	-0.184	-0.697**
Chao 1	0.136	-0.234	-0.773**	0.567*	0.141	-0.753**	-0.462	-0.66**
Shannon index	0.048	-0.073	-0.377	0.482	0.122	-0.396	0.018	-0.467
Simpson index	-0.019	0.038	-0.032	0.262	0.033	-0.03	0.297	-0.002

通过 CANOCO 软件分析环境因子和土壤细菌群落之间的关系。由图 8-9 可知，第一排序轴和第二排序轴分别解释了细菌群落变化的 54.92% 和 10.75%，两者之和达 65.67%，表明本研究选择的环境因子能较好地解释土壤细菌群落。M-R 和 CK 处理位于一、四象限，B-R、C-R 和 R-R 处理位于二、三象限。经过蒙特卡罗检验，土壤 pH（$F = 7.9$，$P = 0.002$）、AP（$F = 6.2$，$P = 0.002$）和 TP（$F = 5.2$，$P = 0.018$）对细菌群落多样性的影响达到显著水平。

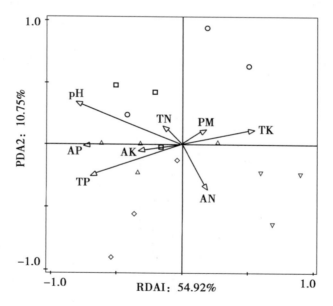

图 8-9　土壤细菌群落和土壤理化因子的冗余分析

注：▽ CK（单季稻—冬闲）；◇ R-R（油菜—水稻）；
□ C-R（春玉米—水稻）；○ M-R（紫云英—水稻）；
△ B-R（蚕豆—水稻）

8.9.6　土壤细菌群落结构与水旱轮作关系

本研究采用高通量测序技术对冷浸田不同水旱轮作模式下土壤细菌群落多样性进行了研究。结果显示，与 CK 相比，水稻与紫云英、蚕豆、玉米和油菜轮作后土壤细菌丰富度降低，各轮作处理间丰富度没有显著差异。水旱轮作后土壤细菌 Shannon 指数和 Simpson 指数与冬闲处理无显著差异。以上结果表明水稻产量与土壤细菌的多样性之间没有明显的因果关系。较低的土壤细菌多样性不一定表示差的生态系统，较低的多样性也不一定暗示着它们是不稳定或不健康的微生物群落（Shade A et al，2017）。

在门分类水平上，各水旱轮作处理土壤细菌以变形菌门和酸杆菌门为优势菌，其中变形菌门丰度最高，占细菌群落的 41.61%～44.82%，这与 Zhao 等（Zhao et al，2014）、Wang 等（Wang et al，2016）的研究相一致。酸杆菌门广泛存在于自然界的各种环境中，是土壤微生物的重要成员，占土壤细菌类群的 5%～46%（Ellis et al，2003），本研究中各轮作处理土壤酸杆菌门的相对丰度为 18.92%～23.02%，仅次于变形菌门。土地种植方式的改变对土壤微生物群落结构会产生显著影响。例如，本研究中轮作后土壤变形菌的亚群分布发生了明显变化，α-变形菌和 γ-变形菌从 CK 处理的 8.67%、3.32%增加至轮作后的 12.92%～15.79%和 4.61%～5.37%。α-变形菌中的慢生根瘤菌属（Bradyrhizobium）在轮作土壤中丰度显著增加，它们是水稻生态系统中活跃的固氮细菌（Chaintreuil et al，2000）。而 δ-变形菌相对含量在 CK 处理土壤中含量最高（14.95%），轮作后丰度明显降低（8.95%～11.29%）。水旱轮作后酸杆菌丰度明显增加，其相对含量与土壤全磷、有效磷含量呈显著正相关（$P<0.05$）。与 CK 相比，水旱轮作土壤放线菌和硝化螺旋菌相对丰度明显增加。放线菌能够降解复杂的木质素（Lynd et al，2002）和纤维素（Pankratov et al，2011）。旱作植物秸秆还田会增加木质素和纤维素的输入，从而刺激了放线菌的生长。硝化螺旋菌可将亚硝酸盐氧化成硝酸盐，提高土壤氮素的利用率，从而促进水稻的生长，增加其产量。

在属分类水平，我们发现土壤中优势菌为酸杆菌门的 GP1、GP2、GP3 和 GP6 类群，这和 Jones 等（Jones et al，2009）的研究相一致，他们通过焦磷酸测序得出 GP1～GP4 及 GP6 是土壤中酸杆菌的优势菌属。与 CK 相比，水旱轮作增加了慢生根瘤菌属和 Pseudolabrys 属及亚硝化螺菌属的丰度，这些菌属与土壤氮循环都有着密切的联系。

8.10 水旱轮作下水稻籽粒养分含量变化

不同轮作提高了水稻收获期籽粒全氮含量。表 8-17 显示，第 3 年 R-R、C-R 模式的籽粒全氮含量较 CK 分别提高 8.3%与 12.5%，第 4 年 C-R 模式籽粒全氮含量提高 8.8%，差异均显著（$P<0.05$）；不同轮作处理的籽粒全磷含量与 CK 处理无显著差异；对全钾而言，第 2 年 R-R、M-R、B-R 轮作模式有提高籽粒全钾的趋势，其中 B-R 模式较 CK 提高 11.9%，达到显著差异（$P<0.05$），第 4 年各处理籽粒全钾含量则无显著差异。

表 8-17 不同处理对水稻收获期籽粒养分含量的影响

处理	第 3 年（g/kg）			第 4 年（g/kg）		
	全氮	全磷	全钾	全氮	全磷	全钾
CK	11.13 b	2.72 a	3.18 b	12.90 b	2.61 a	2.66 ab

（续表）

处理	第 3 年（g/kg）			第 4 年（g/kg）		
	全氮	全磷	全钾	全氮	全磷	全钾
R-R	12.05 a	2.76 a	3.66 a	13.81 ab	3.07 a	2.68 ab
C-R	12.52 a	3.01 a	3.18 b	14.03 a	2.68 a	2.27 b
M-R	11.93 ab	2.79 a	3.45 ab	13.59 ab	2.42 a	2.36 ab
B-R	11.79 ab	2.91 a	3.56 a	13.65 ab	3.08 a	2.78 a

8.11 冷浸田改制增产增效的土壤生态过程

本研究可看出，冷浸田由单季稻改制为水旱轮作，其生态过程的改变是多种因素综合作用的结果，如旱作期的适当排水、起垅（畦）与秸秆还田体系，它们都是构成水旱轮作模式的一个环节。在水稻光合特性方面，由于前期旱作氮肥施用与秸秆还田养分有较大的不同，对后期水稻后效存在差异，可能导致水稻叶片含氮量存在较大差异，进而引起光合色素差异并影响至光合作用过程。对各水旱轮作模式而言，不同旱作对后作水稻的产量影响也不尽相同，这一方面固然与轮作体系作物施肥与秸秆还田体系的营养差异有关，但不同旱作根系对土壤穿透疏松的作用也值得重视。植物根系影响土壤结构与含水率（吴淑杰等，2003）。本试验条件下，春玉米株型大、根系较为发达，对土壤的穿透疏松功能要明显优于浅根系的紫云英，这一点可从二者土壤剖面构型差异得到证实，一定程度上也回答了春玉米—水稻轮作在冷浸田上种植的优势性。

土壤团聚体是土壤重要组成部分，是土壤中物质与能量转化及代谢场所。研究表明，红壤<0.25mm 微团聚体的形成主要取决于土壤粘粒和活性三二氧化物的黏结作用；而 0.25~10mm 大团聚体的形成主要取决于有机胶结物质和土壤粘粒的相互作用（刘京等，2000）。Six 等认为>0.25mm 的团聚体即土壤团粒结构体，是土壤中最好的结构体，其数量与土壤的肥力状况呈正相关，故该指标可用以反映土壤结构的优劣（Six J et al，2004）。相关研究也表明，红壤旱地施用有机肥明显促进了土壤中>1mm 和 1~0.5mm水稳性团聚体的形成，同时促进了>0.05mm 粗微团聚体的形成，而使<0.05mm 微团聚体数量降低（李成亮等，2004）。红壤性水稻土连续施肥 23 年后，施用有机肥的 3~5mm 粒径土壤团聚体含量提高 25.4%~24.6%，而 0.05~0.25mm、<0.05mm 团聚体分别降低 70.6%~71.1%与 113.6%~121.7%（黄欠如等，2007）。本研究结果表明，冷浸田不同轮作模式降低了大团聚体（>2mm）数量，而促进了中团聚体（0.25~2mm，除M-R 外）与微团聚体（<0.25mm）的形成。这与以往的研究结果有所不同，一方面原因可能是冷浸田土壤有机质含量虽高，但微生物生物量碳、可溶性碳等活性有机质含量低，即有机质品位差，胶结能力降低，不利于团聚体的胶结形成，相关研究也表明有机质组分形态是影响土壤团聚体性质的一个重要因素，如可溶性有机物是团聚体形成的重要胶结剂（文倩等，2004；李维福等，2007；彭新华等，2004）；另一方面可能是冷浸田原先长期浸水，土体糊烂，风干土壤坚硬板结，非正常团聚化，而通过旱作后，干湿

交替过程易形成微团聚体（张威等，2010；Dorioz J M et al，1993）。由于大团聚体比微团聚体含有更多的有机碳（彭新华等，2004），大团聚的降低而中、微团聚体数量的提高，可能有利于促进土壤有机质的矿化与活化。结合轮作模式下土体锈纹锈斑明显，土壤养分含量增加而活性还原性物质降低趋势综合判断，冷浸田土壤正向肥力良好方向演化。从中也说明，冷浸田土壤与一般非冷浸田土壤肥力指标有所不同，这种环境特殊的水稻土在其改良演化过程中，良好的土壤结构指标变化更应体现在中、微团聚体数量增加上，但具体的机制有待进一步研究。

8.12 冷浸田改制的应用前景

福建具有得天独厚的冬季光温资源，复种指数潜力可达300%，位居全国前列，适合油菜、蚕豆、春玉米、蔬菜等多种经济作物种植。这些作物与水稻轮作，提高了土地利用率与产出率，是福建近年来展起来的一种重要种植制度。冷浸田多分布于丘陵山区，水、土、空气清洁，充分利用冷浸田资源开发绿色农产品，不仅可满足人们日益增长的食品质量安全需要，而且可提高当地农户收入，实现冷浸田改造与高效利用效果。本研究C-R、B-R、R-R与M-R四种轮作模式表明，水稻四季平均产量增幅18.3%~44.1%，每年每公顷增产均在1 000kg以上，增产增收明显。当然，福建冷浸田类型多样，在当前难以实施工程改造的条件下，从田间农事操作与经济价值综合考虑，应选择潜育化程度中等或更低的冷浸田进行轮作，并通过简易开沟排水与垅畦措施进行水旱轮作改制，而潜育化程度较高的深脚烂泥田尚不适宜轮作改制；另外，冷浸田轮作模式应选择种植经济价值较高的作物，如C-R、B-R模式等。值得一提的是，本试验条件下，轮作改造时间仅为4年，土体仍然存在烂、锈等制约因素，因而各旱作产量均较正常田块上的低，尤其是具有传统优势的豆—禾、稻—肥轮作模式，但可以预测，随着水旱轮作持续进行，R-R、C-R、M-R、B-R模式的还原性障碍物质将逐步得到削减。

8.13 本章小结

水旱轮作是冷浸田改良的重要措施。通过连续4年8茬的田间试验，研究了冷浸田由单季稻改制为水旱轮作对作物生产及土壤特性的影响。结果表明，油菜—水稻（R-R）、春玉米—水稻（C-R）、紫云英—水稻（M-R）、蚕豆—水稻（B-R）4种轮作模式的水稻平均产量较水稻—冬闲（CK）提高18.3%~44.1%，均达到显著差异水平（$P<0.05$），不同轮作处理的秸秆产量较CK增幅16.1%~49.7%，差异极显著（$P<0.05$），其中均以C-R轮作模式的籽粒与秸秆产量最高。不同轮作模式经济总效益（总产值—总投入）较CK增加1 575~33 927元/hm²，增幅达27.8%~599.0%，均以C-R模式最高，其次为B-R模式。水旱轮作下水稻收获期耕层土壤锈纹锈斑丰度明显，各轮作模式下的耕层土壤水稳性大团聚体（>2mm）数量均较CK有不同程度地降低，而中团聚体（0.25~2mm）数量（除M-R模式外）和微团聚体（<0.25mm）数量则相反；各轮作模式的土壤活性还原性物质逐渐下降，而速效养分呈上升趋势。水旱轮作模式也不同程度提高了土壤细菌、真菌、纤维素菌与固氮菌数量，绝大多数水旱轮作降低了土壤细菌的丰富度，而细菌多样性与CK处理无显著差异。变形菌门和酸杆菌门为土壤中的优

势细菌类群，其中变形菌门的丰度最高。轮作后 α-变形菌、酸杆菌、放线菌和硝化螺旋菌等菌群丰度明显增加。聚类分析表明，CK 和 M-R 轮作土壤细菌群落单独聚为一类，而 B-R、C-R 和 R-R 轮作土壤聚为另一类。进一步冗余分析表明土壤全磷、全钾、有效磷和 pH 是影响水旱轮作土壤细菌群落多样性的主要因子。此外，各轮作模式的微生物碳、氮、磷含量得到不同程度地提升，说明土壤有机碳、氮、磷养分得到活化。

轮作可提高冷浸田土壤无机磷与活性有机磷含量，降低土壤 HSOP（高等稳定性有机磷）含量。作物产量与土壤全磷、有效磷与无机磷组分及总量间呈极显著正相关($P<$0.01)，与 HSOP 呈显著负相关（$P<0.05$），与有机磷中有效性较高的 LOP（活性有机磷）、MLOP（中等活性有机磷）呈极显著正相关（$P<0.01$）。说明提高冷浸田土壤无机磷组分或活性有机磷组分含量有助于作物增产。

总体而言，潜育化程度较轻的冷浸田由单季稻改制为 C-R、R-R、B-R 轮作模式，对提高作物总产量与经济效益有较好的效果，土壤理化生化性状得到改善，表现出脱潜特征，生产力得到明显提升。

参考文献

黄国勤，熊云明，钱海燕，等.2006.稻田轮作系统的生态学分析 [J]. 生态学报，43（1）：69-78.

黄欠如，胡锋，袁颖红，等.2007.长期施肥对红壤性水稻土团聚体特征的影响 [J].土壤，39（4）：608-613.

李成亮，孔宏敏，何园球.2004.施肥结构对旱地红壤有机质和物理性质的影响 [J].水土保持学报，18（6）：116-119.

李维福，解宏图，何红波，等.2007.颗粒有机质的来源、测定及其影响因素 [J].生态学杂志，26（11）：1849-1856.

刘京，常庆瑞，李岗，等.2000.连续不同施肥对土壤团聚性影响的研究 [J].水土保持通报，22（4）：24-26.

彭新华，张斌，赵其国.2004.土壤有机碳库与土壤结构稳定性关系的研究进展 [J].土壤学报，41（4）：618-623.

王天铎.1990.植物群落的光利用效率与数学模型 [M].北京：科学出版社，128-211.

文倩，关欣.2004.土壤团聚体形成的研究进展 [J].干旱区研究，21（4）：434-438.

吴吉林，李永华，叶庆生，等.2005.美丽异木棉光合特性的研究 [J].园艺学报，32（6）：1061-1064.

吴淑杰，韩喜林，李淑珍.2003.土壤结构、水分与植物根系对土壤能量状态的影响 [J].东北林业大学学报，31（3）：24-26.

曾希柏，孙楠，高菊生，等.2007.双季稻改制对作物生长及土壤养分的影响 [J].中国农业科学，40（6）：1198-1205.

张威，张旭东，何红波，等 . 2010. 干湿交替条件下土壤氮素转化及其影响研究进展 [J]. 生态学杂志，29（4）：783-789.

Chaintreuil C，Giraud E，Prin Y，et al. 2000. Photosynthetic bradyrhizobia are natural endophytes of the African wild rice Oryza breviligulata [J]. Applied and Environmental Microbiology，66：5437-5447.

Dorioz J M，Robert M，Chenu C. 1993. The role of roots，fungi and bacteria on clay particle organization：An experimental approach [J]. Geoderma，56：179-194.

Ellis R J，Morgan P，Weightman A J，et al. 2003. Cultivation-dependent and independent approaches for determining bacterial diversity in heavy-metal contaminated soil [J]. Applied Environmental Microbiology，69：3223-3230.

Phillips I R. 1998. Phosphorus availability and sorption under alternating waterlogged and drying conditions [J]. Communications in Soil Science and plant Analysis，29（19/20）：3045-3059.

Phillips I R. 1999. Nitrogen availability and sorption under alternating waterlogged and drying conditions [J]. Communications in Soil Science and plant Analysis，29（19/20）：3045-3059.

Jones R T，Robeson M S，Lauber C L. 2009. A comprehensive survey of soil *acidobacterial* diversity using pyrosequencing and clone library analyses [J]. The ISME J，3：442-453.

Lynd L R，Weimer P J，van Zyl W H，et al. 2002. Microbial cellulose utilization：Fundamentals and biotechnology [J]. Microbiology and Molecular Biology Reviews，66（3）：506-577.

Pankratov T A，Ivanova A O，Dedysh S N，et al. 2011. Bacterial populations and environmental factors controlling cellulose degradation in an acidic *sphagnum* peat [J]. Environmental Microbiology，13（7）：1800-1814.

Shade A. 2017. Diversity is the question，not the answer [J]. The ISME Journal，11：1-6.

Six J，Bossuyt H，Degryze S，et al. 2004. A history of research on the link between（micro）aggregates，soil biota，and soil organic matter dynamics [J]. Soil and Tillage Research，79：7-31.

Wang J C，Xue C，Song Y，et al. 2016. Wheat and rice growth stages and fertilization regimes alter soil bacterial community structure，but not diversity [J]. Frontiers in Microbiology，7：1-13.

Zhao J，Zhang R F，Xue C，et al. 2014. Pyrosequencing reveals contrasting soil bacterial diversity and community structure of two main winter wheat cropping systems in China [J]. Microbial Ecology，67：443-453.

9 冷浸田水稻氮磷钾养分管理

施肥可补充土壤养分供应的不足，满足作物生长的需要。合理施肥是实现冷浸田增产的重要途径。与一般稻田土壤养分不同，冷浸田土壤有机质含量高，氮素相对充足，但有效磷、钾养分不足。因而对冷浸田氮、磷、钾的养分管理与施肥技术也要采取不同的策略。

9.1 冷浸田水稻氮肥运筹

养分供应是制约冷浸田水稻产量的重要因子。氮肥对提高农作物的产量具有重要作用，但过量施氮不仅会影响作物产量和品质，还会对生态环境产生负面影响，而适当减量施氮，既能保证作物产量、提高肥料利用率，又能减少对环境的危害。与非冷浸田相比，冷浸田土壤有机质含量较高，其相应的氮素也处于较高水平。目前我国正在推进化肥使用零增长的落实，冷浸田在土壤氮素水平较高的情况下，其与常规稻田氮肥施用有何区别？可否达到减氮控肥的目标？为此，本研究以福建主要类型冷浸田为研究对象，研究冷浸田单季稻不同氮肥用量及施肥时期运筹的施肥效应，以期为冷浸田氮肥施用及轻简化改良技术提供依据。

供试冷浸田选择福建省主要的冷浸田类型，分别为锈水田、青泥田与浅脚烂泥田，试验地点与土壤理化如表 9-1 所示。土地利用模式为单季稻制。氮肥运筹管理设施氮量与施氮时期 2 个因子。施氮量设 3 个水平，分别为 105、150、195kg/hm² （分别用 A1、A2、A3 代号表示，代表低、中、高施氮水平），氮肥施肥时期设 2 个水平，分别为基蘖肥：穗肥 = 10：0 与基蘖肥：穗肥 = 7：3 （分别用 B1、B2 代号表示），二者因子完全组合，另设不施氮肥处理，分别为①0 氮区（CK）、②A1B1、③A1B2、④A2B1、⑤A2B2、⑥A3B1、⑦A3B2 处理。上述基蘖肥为基肥：分蘖肥 = 2：1，穗肥在促花肥或保花肥施用。每处理配施磷肥（P_2O_5）90kg/hm²，钾肥（K_2O）135kg/hm²，磷肥作基肥一次性施用，钾肥按基肥：穗肥 = 5：5 施用。

表 9-1　供试土壤基本性状与供试水稻品种

试验地点	冷浸田类型	pH	有机质 g/kg	全氮 g/kg	碱解氮 mg/kg	有效磷 mg/kg	有效钾 mg/kg	水稻品种
顺昌双溪（SC）	锈水田	5.17	27.6	1.56	139.5	10.0	37.2	深两优 5814
闽侯白沙 1（MH1）	青泥田	5.32	49.7	2.75	165.9	8.8	145.2	中浙优 1 号
闽侯白沙 2（MH2）	浅脚烂泥田	4.23	38.8	1.96	196.8	8.2	388.7	中浙优 1 号
大田吴山（DT）	浅脚烂泥田	5.94	35.4	—	148.9	32.8	16.7	广两优 676

9.1.1 氮肥用量与施肥时期运筹对水稻产量及构成因素的影响

表 9-2 显示，氮肥运筹管理施肥不同程度地提高了成熟期水稻籽粒产量。与 CK 相比，不同氮肥用量与施肥时期运筹组合的锈水田（SC）点增幅 14.5%~45.5%，青泥田（MH1）点增幅 9.4%~13.5%，浅脚烂泥田（MH2）点增幅 10.4%~15.9%，浅脚烂泥田（DT）点增幅 16.2%~28.1%，其中 MH2 点施肥处理与 CK 差异均显著（$P<0.05$）。相应各点的秸秆产量增幅为 30.5%~65.0%、48.8%~86.6%、7.3%~27.0%，34.5%~60.9%，其中 MH1、SC 与 DT 点不同氮肥组合与 CK 差异均显著（$P<0.05$）。

表 9-2　不同氮肥用量与施肥时期运筹组合对水稻产量的影响

处理	籽粒产量（kg/hm^2）				秸秆产量（kg/hm^2）			
	SC	MH1	MH2	DT	SC	MH1	MH2	DT
CK	5 918 c	7 185 b	7 669 b	6 923 b	2 808 c	3 200 b	4 621 d	3 989 c
A1B1	6 972 abc	7 862 ab	8 525 a	8 697 a	3 665 b	4 901 a	4 957 cd	5 363 b
A1B2	6 779 bc	7 815 ab	8 488 a	8 870 a	3 834 b	4 763 a	5 156 cd	6 184 ab
A2B1	7 251 abc	7 962 a	8 463 a	8 567 a	3 971 ab	5 972 a	5 212 bc	6 420 a
A2B2	7 334 abc	7 889 a	8 550 a	8 459 a	4 176 ab	5 256 a	5 727 ab	5 691 ab
A3B1	8 139 ab	8 036 a	8 613 a	8 491 a	4 062 ab	5 136 a	5 752 a	5 920 ab
A3B2	8 612 a	8 154 a	8 888 a	8 041 ab	4 632 a	4 988 a	5 869 a	5 302 b
施氮量								
0	5 918 b	7 185 b	7 669 b	6 923 b	2 808 b	3 200 b	4 621 c	3 989 b
105kg/hm^2	7 499 ab	7 838 ab	8 506 a	8 734 a	3 750 a	4 832 a	5 057 b	5 774 a
150kg/hm^2	8 147 a	7 925 a	8 507 a	8 513 ab	4 074 a	5 615 a	5 470 a	6 056 a
195kg/hm^2	8 694 a	8 094 a	8 751 a	8 266 ab	4 347 a	5 063 a	5 811 a	5 611 a
施氮时期								
基蘖肥：穗肥=10：0	7 454 a	7 953 a	8 534 a	8 585 a	3 900 a	5 336 a	5 307 b	5 901 a
基蘖肥：穗肥=7：3	7 575 a	7 956 a	8 642 a	8 457 a	4 214 a	5 003 a	5 584 a	5 726 a

从不同氮肥用量单因素来看，除 DT 点外，各类型冷浸田籽粒产量总体随着施氮量的增加而增加，与不施氮比较，SC 点增幅 26.7%~46.9%，MH1 点增幅 9.0%~12.7%，MH2 点增幅 10.9%~14.1%，DT 点增幅 19.4%~26.9%，但高、中、低不同氮肥用量间差异未达到显著水平。施氮肥也均显著提高了秸秆产量，MH2 点氮肥 150kg/hm^2 与 195kg/hm^2 用量水平的产量要显著高于 105kg/hm^2 用量的（$P<0.05$），其余点不同氮肥用量间的秸秆产量未达到显著差异。另从施氮时期单因素来看，氮肥不同施肥时期施用方法对籽粒产量影响不大，但 MH2 点的基蘖肥：穗肥=7：3 的秸秆产量较基蘖肥：穗肥=10：0 的增产 5.2%，差异显著（$P<0.05$）。

从施肥对水稻产量构成来看（表9-3），不同氮肥用量与施肥时期运筹组合均显著提高了各试验点成熟期有效穗数（$P<0.05$），SC、MH1 与 MH2 各冷浸田类型分别比 CK 增幅 27.9%~41.3%、23.7%~41.3%、37.9%~60.2%。而对每穗实粒数、千粒重影响不大（除了 MH1 点千粒重）。具体对不同氮肥用量单因素而言，低、中、高氮肥用量有效穗均显著高于 CK（$P<0.05$），其中 SC 点增幅 29.8%~40.4%，MH1 点增幅 30.1%~45.2%，MH2 点增幅 40.8%~57.3%，而不同氮肥用量下水稻每穗实粒数、千粒重与 CK 均无显著差异。氮肥不同施肥时期组合对水稻经济性状无明显影响。

表9-3　不同氮肥用量与施肥时期运筹组合对水稻产量构成的影响

处理	有效穗（穗/丛）			每穗实粒数（粒）			千粒重（g）		
	SC	MH1	MH2	SC	MH1	MH2	SC	MH1	MH2
CK	10.4 b	9.3 c	10.3 b	160.8 a	167.3 a	114.2 b	21.05 a	25.94 c	23.96 a
A1B1	13.3 a	12.5 ab	14.8 a	144.7 a	177.7 a	123.2 ab	22.39 a	26.41 abc	24.10 a
A1B2	13.7 a	12.6 ab	14.2 a	157.8 a	160.8 a	118.7 ab	21.48 a	26.10 bc	23.83 a
A2B1	13.5 a	11.5 b	15.3 a	151.1 a	158.2 a	121.2 ab	21.93 a	26.24 abc	24.43 a
A2B2	13.9 a	12.7 ab	14.5 a	147.2 a	150.8 a	117.3 ab	20.81 a	27.26 ab	24.27 a
A3B1	14.4 a	12.5 ab	16.5 a	151.2 a	161.8 a	114.8 b	22.05 a	26.59 abc	24.33 a
A3B2	14.7 a	14.4 a	15.8 a	175.2 a	159.5 a	134.7 a	22.54 a	27.37 ab	24.20 a
施氮量									
0	10.4 b	9.3 b	10.3 b	160.8 a	167.3 a	114.2 a	21.05 a	25.94 a	23.96 a
105kg/hm²	13.5 a	12.6 a	14.5 a	151.2 a	169.2 a	120.9 a	21.94 a	26.26 a	23.96 a
150kg/hm²	13.7 a	12.1 a	14.9 a	149.2 a	154.5 a	119.3 a	21.37 a	26.75 a	24.35 a
195kg/hm²	14.6 a	13.5 a	16.2 a	163.2 a	159.1 a	124.8 a	22.30 a	26.98 a	24.26 a
施氮时期									
基蘖肥：穗肥=10：0	13.7 a	12.2 a	15.6 a	149.0 a	165.9 a	119.7 a	22.12 a	26.41 a	24.29 a
基蘖肥：穗肥=7：3	14.1 a	13.2 a	14.8 a	160.1 a	159.3 a	123.6 a	21.61 a	26.91 a	24.10 a

上述说明，冷浸田施氮肥提高了水稻籽粒与秸秆产量，但中、高用量的氮肥用量，无论是籽粒产量还是秸秆产量，均无显著差异，故冷浸田施氮量应控制在150kg/hm²以内。另除浅脚烂泥田（MH2）点不同施肥时期的秸秆产量有显著差异外，其余氮肥不同施肥时期的籽粒与秸秆产量均无显著差异，故从人工成本及效益考虑，应选择基蘖肥：穗肥=10：0的施氮方式。

9.1.2　不同施氮量对水稻籽粒相对产量及农学效率的影响

从不同施氮量对水稻籽粒相对产量的影响来看（表9-4），0、105、150、195kg/hm²氮肥用量下各类型冷浸田相对产量均值分别为0.77、0.90、0.92、0.93。一般而言，0.90 以上可视为施肥与最高产量（1.00）较为接近。说明冷浸田施用氮肥有明显的增产效果，但在 105kg/hm² 用量基础上再进一步增施氮肥，增产效果明显放缓，有的地块（DT）甚至出现降低趋势。另从施氮肥籽粒农学效率来看，各类型冷浸田施用 105、150、195kg/hm² 氮肥的农学效率均值分别为 17.5、12.6 与 11.3kg/kg N，说明随着氮肥用量的增加，氮肥农学效率逐渐降低，氮肥中、高用量分别比低用量降低 4.9 与 6.2kg/kg N。从中也可看出，同一区域浅脚烂泥田（MH2）相对青泥田（MH1）有较高的氮肥农学效率。

表9-4　不同施氮量对水稻籽粒相对产量及农学效率的影响

处理	籽粒相对产量				籽粒农学效率（kg/kg N）			
	SC	MH1	MH2	DT	SC	MH1	MH2	DT
0	0.61	0.87	0.86	0.73	—	—	—	—
105kg/hm²	0.77	0.95	0.96	0.93	9.1	18.3	24.7	17.72
150kg/hm²	0.84	0.96	0.96	0.90	9.2	13.4	17.3	10.60
195kg/hm²	0.89	0.98	0.98	0.88	12.6	11.2	14.5	6.89

注：籽粒相对产量为各处理小区籽粒产量与该试验点最高产量的比值。

9.1.3　氮肥用量与施肥时期运筹对水稻籽粒养分含量的影响

表9-5 显示，施用氮肥均有提高籽粒氮含量的趋势。不同施氮水平与施氮时期组合中，青泥田（MH1）点与浅脚烂泥田（MH2）点的 A2B2、A3B1、A3B2 处理，以及浅脚烂泥田（DT）各施氮处理的籽粒氮素含量均较 CK 显著提高（$P<0.05$），其中 MH1 点上述三处理较 CK 增幅 14.0%～17.6%，MH2 点增幅 5.9%～9.7%，DT 点增幅 12.6%～36.0%。从施氮肥对籽粒磷钾养分的影响来看，不同氮肥组合对籽粒磷素含量无明显影响，但随着施氮量的增加，籽粒钾含量有降低的趋势。从施氮量单因素来看，随着施肥量的增加，籽粒氮素含量有提高的趋势，其中 MH1 点与 DT 点各氮肥用量及 CK 相比差异均显著（$P<0.05$），各点施用 195kg/hm² 氮肥的籽粒氮含量也均显著高于 CK（$P<0.05$）。施用高氮肥下的籽粒钾有降低的趋势，其中 MH1 的籽粒钾含量较 CK 显著降低。表9-5 同时可看出，除 DT 点的籽粒氮含量外，氮肥不同施肥时期单因素对籽粒氮、磷、钾养分含量均无明显影响。

表9-5　不同氮肥用量与施肥时期运筹组合对水稻籽粒养分含量的影响

处理	N（g/kg）			P（g/kg）			K（g/kg）		
	MH1	MH2	DT	MH1	MH2	DT	MH1	MH2	DT
CK	12.54 d	12.50 c	9.66 c	2.71 a	2.83 a	2.61 a	3.27 a	3.77 a	1.47 a
A1B1	13.14 cd	12.85 bc	11.05 b	2.83 a	2.92 a	2.80 a	3.14 a	3.87 a	1.47 a
A1B2	13.70 bc	12.93 bc	11.49 b	2.40 a	2.71 a	2.60 a	2.48 b	3.39 ab	1.36 a
A2B1	14.60 ab	12.88 bc	11.26 b	2.86 a	2.21 a	2.77 a	3.00 ab	2.90 b	1.41 a

（续表）

处理	N（g/kg）			P（g/kg）			K（g/kg）		
	MH1	MH2	DT	MH1	MH2	DT	MH1	MH2	DT
A2B2	14.30 ab	13.24 ab	11.55 b	2.81 a	2.32 a	2.74 a	3.14 a	3.19 ab	1.42 a
A3B1	14.37 ab	13.71 a	11.50 b	2.89 a	2.34 a	2.89 a	2.86 ab	3.19 ab	1.41 a
A3B2	14.75 a	13.22 ab	12.72 a	2.50 a	2.24 a	2.79 a	2.74 ab	3.19 ab	1.40 a
施氮量									
0（CK）	12.54 c	1.25 b	9.66 b	2.71 a	2.83 a	2.61 a	3.27 a	3.77 a	1.47 a
105kg/hm²	13.42 b	1.29 ab	11.27 a	2.61 a	2.81 a	2.70a	2.81 ab	3.63 a	1.41 a
150kg/hm²	14.45 a	1.31 ab	11.40 a	2.83 a	2.26 a	2.76 a	3.07 ab	3.09 a	1.42 a
195kg/hm²	14.56 a	1.35 a	12.11 a	2.70 a	2.29 a	2.84 a	2.80 b	3.19 a	1.41 a
施氮肥时期									
基蘖肥：穗肥 = 10：0	14.03 a	13.15 a	11.27 b	2.86 a	2.49 a	2.82 a	3.00 a	3.32 a	1.43 a
基蘖肥：穗肥 = 7：3	14.25 a	13.13 a	11.92 a	2.57 a	2.42 a	2.71a	2.79 a	3.25 a	1.39 a

9.1.4 冷浸田土壤氮素供给特性及不同施氮方式效果评价

本研究表明，冷浸田水稻分蘖期，其高氮用量的水稻分蘖速率要明显高于无氮与低氮处理，到收获期，105、150 与 195kg/hm² 氮肥用量下水稻籽粒产量均显著高于 CK，但三种氮肥用量的籽粒产量并无明显差异；不同氮肥用量下的秸秆产量，除了浅脚烂泥田（MH2）有显著差异外，其余差异均不显著。说明冷浸田在低氮用量基础上再增施氮肥对水稻增产并不明显，这与增施磷钾肥促进冷浸田水稻增产规律并不一致。其主要原因与土壤有机质类似，冷浸田土壤累积的氮素较丰富，丰富的氮素通过矿化保证了水稻生育期氮素的营养需求，本研究条件下，浅脚烂泥田（MH2）点收获期各处理土壤全氮与碱解氮处于较高水平且无显著差异进一步证实了这一点（表 9-6）。冷浸田在适宜用量基础上增施的氮肥一部分可能通过营养生长转移到秸秆中，另一部分，冷浸田在长期浸水环境下也容易通过地表径流而损失。故对冷浸田氮素管理应采取控制策略，冷浸田氮肥经济用肥量控制在 105~150kg/hm² 范围较适宜，超过 150kg/hm²，农学效率递减，既达不到明显增产效果，又浪费养分资源，并可能造成环境风险。此外，高氮用量一定程度上提高了籽粒氮素营养，但可造成籽粒钾素含量降低，从而影响籽粒营养品质。以往研究表明，福建区域常规稻田单季稻氮肥推荐用量为 160kg/hm² 左右（李娟等，2015），从中比较可看出，冷浸田氮肥推荐用量要比常规稻田的用量低 10% 以上。与近年农业部推荐的长江下游单季稻区氮肥用量 135~209kg/hm² 相比，冷浸田氮肥推荐用量属于低限范围。这主要是由于常规稻田的产量比冷浸田水稻产量高 20% 以上，且稻田土壤氮素含量普遍低于冷浸田。另外，本研究表明不同氮肥用量条件下各类冷浸田农学效率平均为 14.5kg/kg N，而目前全国水稻氮肥农学效率为 12.7kg/kg N（于飞等，2015），这一方面固然与常规稻田的施氮量较高有关，但一定程度上也反映冷浸田的氮肥农学效率要高于常规稻田。本课题组研究也表明,冷浸田基础地力贡献率比相应的非冷浸田低 6.8~7.0 个百分点,但施肥农学效率比相应的非冷浸田每公斤肥料提高 0.1~3.2kg 籽粒产量。这进一步佐证了冷浸田通过施肥农艺措施提升产量潜力巨大。

表 9-6 不同氮肥用量与施肥时期对水稻收获期土壤氮素养分的影响 (MH2)

处理	全氮 (g/kg)	碱解氮 (mg/kg)
CK	1.96 a	145.3 a
A1B1	1.87 a	136.2 a
A1B2	1.93 a	148.0 a
A2B1	1.97 a	149.5 a
A2B2	1.89 a	142.7 a
A3B1	1.82 a	143.0 a
A3B2	1.83 a	149.8 a

此外,本研究表明,除浅脚烂泥田的秸秆外,氮肥不同施肥时期的籽粒与秸秆含量均无显著差异,故从人工成本及效益考虑,宜采用基蘖肥:穗肥 = 10:0 的施氮方式。一般而言,水稻在幼穗分化发育期(水稻分蘖末期叶色褪淡之后)施肥,为促花肥、促粒肥,可促使穗大、增加颖花数量,退化枝梗和颖花减少(王永锐,1994)。冷浸田施用穗肥增产不明显可能是由于冷浸田氮素丰富,供肥稳长,相对常规稻田而言,后期不易脱肥,故施用穗肥增产不明显。从本研究中可看出,冷浸田不同氮肥组合产量性状差异主要体现在有效穗因子,而有效穗主要由分蘖期决定,因而提高冷浸田产量的途径是保证分蘖期有足够的氮素营养,并合理配施磷、钾养分,以发育形成足够的有效分蘖数。

9.2 冷浸田水稻磷肥运筹

与一般稻田不同,冷浸田土壤有效磷素较为缺乏。本研究通过监测冷浸田水稻不同时期植株磷素含量,分析光合速率和光合产物的变化,探讨"施磷水平—植株磷素含量—光合特性—稻谷产量"之间的相互关系,为揭示冷浸田单季稻增磷增产机制及施磷技术等提供科学依据。

研究区冷浸田位于闽侯县白沙镇,所处地形为山前倾斜平原交接洼地。供试土壤基本性质:有机质 32.72g/kg、全氮 2.16g/kg、全磷 0.32g/kg、全钾 13.10g/kg、碱解氮 173.40mg/kg、有效磷 4.75mg/kg、有效钾 49.50mg/kg、活性还原性物质 2.77cmol/kg、Fe^{2+} 151.98mg/kg。供试水稻品种为'中浙优 1 号'。试验采用随机区组设计,设置 4 个水平磷肥(P_2O_5)施用量:0kg/hm^2(P_0、对照)、42.0kg/hm^2(P_1)、84.0kg/hm^2(P_2)、126.0kg/hm^2(P_3)。氮肥用尿素,磷肥用过磷酸钙,钾肥用氯化钾,氮肥(N)120.0kg/hm^2、钾肥(K_2O)144.0kg/hm^2,其中 50%氮肥和钾肥在插秧前做基肥施用,剩余 50%氮肥和钾肥在分蘖期做追肥施用,磷肥全部做基肥施用。本研究从 2012 年 7 月至 2013 年 11 月,共种植 2 茬单季稻。

9.2.1 施磷对水稻植株磷素含量的影响

从表9-7可知，施磷会影响水稻各生育期植株的磷素含量。与对照（P_0）相比，分蘖期水稻的根、茎叶磷含量分别增加$10.5\% \sim 36.8\%$、$18.5\% \sim 37.0\%$；抽穗期的根、茎叶及穗磷含量分别增加$11.8\% \sim 23.5\%$、$24.1\% \sim 41.4\%$和$9.7\% \sim 22.6\%$；而成熟期穗磷含量增加了$10.7\% \sim 28.6\%$。在分蘖期和抽穗期，植株磷含量均以P_3处理最高，与对照差异显著（$P<0.05$）。在成熟期，不同处理的根与茎叶磷含量差异均不显著，表明水稻生育后期根和茎叶中磷素均向穗部发生转移，这与郭朝晖等的研究结果相似（郭朝晖等，2002）。

表9-7 施磷对冷浸田水稻植株磷含量的影响 （g/kg）

处理	分蘖期		抽穗期			成熟期		
	根	茎叶	根	茎叶	穗	根	茎叶	穗
P_0	1.9 bA	2.7 cB	1.7 bA	2.9 cB	3.1 bB	1.1 aA	2.3 aA	2.8 cB
P_1	2.1 bA	3.2 bAB	1.9 abA	3.6 bA	3.4 abAB	1.1 aA	2.5 aA	3.1 bAB
P_2	2.4 abA	3.5 abA	2.0 abA	3.8 abA	3.7 aA	1.3 aA	2.5 aA	3.5 aA
P_3	2.6 aA	3.7 aA	2.1 aA	4.1 aA	3.8 aA	1.2 aA	2.4 aA	3.6 aA

9.2.2 施磷对水稻植株光合特性的影响

（1）光合速率

从表9-8可见，增施磷肥能够增强水稻光合速率。与对照（P_0）相比，水稻净光合速率、蒸腾速率和气孔导度在分蘖期分别增加$15.2\% \sim 29.9\%$、$4.8\% \sim 18.2\%$和$16.7\% \sim 23.3\%$；在抽穗期分别增加$13.4\% \sim 27.1\%$、$7.54\% \sim 17.8\%$、$12.5\% \sim 37.5\%$。随着施磷水平提高，净光合速率、蒸腾速率及气孔导度等均呈明显上升趋势，且均以P_3处理最高，与对照差异均达显著水平（$P<0.05$）。分蘖期水稻净光合速率与蒸腾速率、气孔导度的相关系数分别为0.89^{**}和0.67^{**}，而抽穗期则为0.84^{**}和0.45^{*}，表明冷浸田水稻增施磷肥协同提高了气孔导度、蒸腾速率与净光合速率。

表9-8 施磷对冷浸田水稻光合速率的影响

处理	分蘖期			抽穗期		
	净光合速率 [μmol/ (m²·s)]	蒸腾速率 (mmol/ mol)	气孔导度 [mol/ (m²·s)]	净光合速率 [μmol/ (m²·s)]	蒸腾速率 (mmol/ mol)	气孔导度 [mol/ (m²·s)]
P_0	19.31 cC	6.86 cC	0.30 bA	18.49 cC	6.23 cC	0.24 bB
P_1	22.24 bB	7.19 bB	0.35 abA	20.97 bB	6.70 bB	0.27 abAB
P_2	24.76 aA	7.92 aA	0.36 aA	22.69 aAB	7.14 aA	0.29 abAB
P_3	25.08 aA	8.11 aA	0.37 aA	23.50 aA	7.34 aA	0.33 aA

（2）叶片光合产物

淀粉和可溶性糖是水稻光合作用的主要产物。从表9-9可见，施磷对光合产物影响主要是在分蘖期和抽穗期，而成熟期不同处理间的差异不显著。在分蘖期和抽穗期，随着施磷量增加，水稻叶片可溶性糖呈上升趋势，而淀粉呈下降趋势，与对照（P₀）相比，可溶性糖含量分别增加7.3%~12.1%和6.0%~22.4%，而淀粉含量则分别下降3.5%~8.5%和12.0%~41.8%；除分蘖期淀粉含量外，P₂和P₃处理的差异达极显著水平（$P<0.01$）。分蘖期和抽穗期叶片可溶性糖含量和淀粉含量的相关系数分别为-0.63^*和-0.88^{**}。

表9-9 施磷对冷浸田水稻叶片光合产物含量的影响

处理	分蘖期		抽穗期		成熟期	
	淀粉（%）	可溶性糖（%）	淀粉（%）	可溶性糖（%）	淀粉（%）	可溶性糖（%）
P₀	2.00 aA	7.58 bB	2.24 aA	6.30 cC	1.31 aA	4.21 aA
P₁	1.93 aA	8.13 aAB	1.97 bB	6.68 bcBC	1.27 aA	4.36 aA
P₂	1.91 aA	8.28 aA	1.75 cC	6.96 bB	1.20 aA	4.58 aA
P₃	1.83 aA	8.50 aA	1.58 dD	7.71 aA	1.20 aA	4.56 aA

9.2.3 施磷对水稻产量的影响

从表9-10可知，施磷有利于促进稻谷产量提高，稻谷产量依次为P₂>P₃>P₁>P₀，比对照（P₀）增加了4.6%~10.3%，其中P₂处理与其他处理间达到极显著差异（$P<0.01$）。水稻施磷量（X）与稻谷产量（Y）符合方程：$Y=-0.0835X^2+14.224X+6530.9$（$r=0.94^*$）。施磷还会影响水稻产量构成，与对照（P₀）相比，每穗实粒数和千粒重分别增加2.4%~7.6%和1.6%~5.5%，而结实率则提高1.4~3.3个百分点。此外，稻谷产量与每穗实粒数、千粒重的相关系数分别为0.89^{**}、0.93^{**}。

表9-10 施磷水平对冷浸田水稻产量构成的影响

处理	产量（kg/hm²）	有效穗数（×10⁴/hm²）	每穗实粒数	千粒重（g）	结实率（%）
P₀	6 567.0 cB	203.26 aA	156.07 bA	25.73 bA	87.32 bA
P₁	6 872.6 bcAB	211.54 aA	159.80 abA	26.13 aA	88.75 abA
P₂	7 244.8 aA	215.73 aA	167.87 aA	27.15 aA	89.60 abA
P₃	6 961.5 abAB	209.60 aA	164.13 abA	26.43 abA	90.59 aA

9.2.4 植株P含量、光合特性与产量构成的相关性

从表9-11可见，抽穗期茎叶、成熟期稻穗的磷含量与稻谷产量呈显著正相关（$P<$

0.05），除成熟期根和茎叶外，水稻植株磷含量与结实率、千粒重及每穗实粒数均呈显著或极显著正相关。从表 9-12 可见，在分蘖期和抽穗期中，叶片净光合速率、蒸腾速率与稻谷产量均呈极显著正相关（$P<0.01$）。分蘖期茎叶可溶性糖含量提高有利于促进稻谷产量增加，而抽穗期茎叶淀粉含量过高反而会抑制稻谷产量。

表 9-11 水稻植株磷素含量与产量构成的相关性（r）

时期	部位	产量	结实率	千粒重	每穗实粒数	有效穗
分蘖期	根	0.22	0.86**	0.81**	0.64*	0.64*
	茎叶	0.55	0.87**	0.75**	0.71**	0.49
抽穗期	根	0.34	0.71**	0.83**	0.68*	0.70**
	茎叶	0.57*	0.70**	0.58*	0.65*	0.29
	穗	0.48	0.83**	0.86**	0.86**	0.60*
成熟期	根	0.38	0.55	0.64*	0.40	0.52
	茎叶	0.08	0.52	0.55	0.36	0.64*
	穗	0.58*	0.75**	0.80**	0.79**	0.51

表 9-12 水稻光合特性与产量构成的相关性（r）

时期	光合特性	产量	结实率	千粒重	每穗实粒数	有效穗
分蘖期	净光合速率	0.85**	0.62*	0.74**	0.70**	0.44
	蒸腾速率	0.71**	0.65*	0.77**	0.73**	0.42
	气孔导度	0.12	0.4	0.58*	0.41	0.52
	淀粉	−0.45	0.06	0.22	−0.02	0.56*
	可溶性糖	0.57*	0.56*	0.45	0.51	0.18
抽穗期	净光合速率	0.77**	0.49	0.51	0.45	0.10
	蒸腾速率	0.78**	0.43	0.63*	0.64*	0.18
	气孔导度	0.57*	0.27	0.60*	0.62*	0.24
	淀粉	−0.72**	−0.59*	−0.45	−0.55	−0.13
	可溶性糖	0.38	0.67*	0.48	0.44	0.25

9.2.5 冷浸田水稻植株磷素营养诊断

磷是水稻体内核酸、核蛋白、磷脂的组成成分，缺磷会影响 DNA 复制和 RNA 合成，进而影响水稻分蘖，因此目前普遍认为分蘖期是水稻需磷的敏感时期（吴照辉等，2008），并将分蘖期水稻茎叶磷含量 1.0~1.5g/kg 作为临界指标（鲁如坤等，1998；石伟勇等，2005）。本研究水稻分蘖期茎叶磷含量 2.7~3.7g/kg 远超上述临界指标，而水稻根、茎叶磷素含量与稻谷产量也无显著相关性。此外，按第二次土壤普查养分分级标准，本试验土壤有效磷含量 4.75mg/kg，属于缺乏水平（3.0~5.0mg/kg）。本研究结果表明，冷浸田土壤有效磷虽然较缺乏，但在分蘖期并不存在缺磷情况，且分蘖期植株磷含量与稻谷产量并无直接相关，这可能一是试验种植水稻为单季稻且处于中亚热带地区，试验期间稻田水分充足且气温逐渐升高，而土壤磷的有效性与环境条件密切相关，因此分蘖期土壤供磷能力会进一步提升（王永壮等，2013）；二是水稻分蘖期本身吸收磷量较少，一般仅占全生育期的10.84%（郭朝晖等，2002），因此在本试验条件下，冷浸田在水稻分蘖期仍能满足植株对磷素的需求。

分蘖期至抽穗期是水稻吸收磷量高峰期，而抽穗期至成熟期光合生产能力则会影响水稻产量，稻谷中60%~80%粒重来自抽穗期的光合产物（曹树青等，2001）。本试验水稻抽穗期茎叶磷含量、叶片净光合速率与稻谷产量均呈显著正相关（$P<0.05$），这进一步证明了增施磷肥可提升水稻抽穗期茎叶磷素含量和叶片净光合速率，进而增加稻谷产量。因此，抽穗期茎叶磷含量是影响稻谷产量的重要因子，这与目前以分蘖期茎叶磷含量作为水稻磷素营养诊断指标存在较大差异，可能一是分蘖至抽穗期需磷量较大，约占全生育期的77.69%（郭朝晖等，2002）；二是冷浸田土壤有效磷含量较低，且只有加大磷肥投入才能促进土壤磷素活性的提高（李清华等，2015）；三是抽穗期茎叶磷含量为2.9~4.1g/kg，且均高于分蘖期的磷含量，因此增施磷肥对水稻产量影响主要是在抽穗期，若以产量为评价标准，抽穗期茎叶磷含量达3.8g/kg可作为冷浸田水稻磷素适宜营养诊断参考指标。

增施磷肥有利于提高抽穗期茎叶磷素含量，而水稻体内磷素是通过叶绿体膜上磷酸转换器控制光合初产物——磷酸丙糖的运输，供磷不足则会影响光合初产物的正常运转，从而引起叶片淀粉积累和蔗糖减少（Hammand J P et al，2008；Nilsson L et al，2007）。本研究中，适量施磷（P_1、P_2）使冷浸田水稻植株磷素累积、光合速率增加，进而促进产量提高；而过量施磷（P_3）反而会降低稻谷产量，可能是在抽穗期水稻体内磷含量过高，降低叶片中蔗糖磷酸合成酶活性（唐湘如等，2002），而蔗糖磷酸合成酶又是蔗糖合成的关键性调节酶（Weiner H et al，1992），从而影响光合产物的运输，进而影响灌浆及稻谷产量形成。根据水稻施磷量（X）与稻谷产量（Y）的关系，以取得最高水稻产量为目标，适宜施磷量（P_2O_5）为85.17kg/hm²，这高于福建常规稻田用量，但略低于目前鄂东南冷浸田推荐的90~108kg/hm²磷肥用量（徐祥玉等，2014）。

9.3　冷浸田水稻钾肥运筹

Fe^{2+}胁迫会抑制钾吸收，易造成钾素缺乏（蔡妙珍等，2003）。增施钾肥能够减缓Fe^{2+}毒害，提高钾素吸收和运输，有利于促进水稻生长（郑国红等，2010a；郑国红等，2010b）。目前关于Fe^{2+}毒害、外源钾抑制铁吸收机制等主要是基于室内水培试验，而关于田间水稻全生育期钾—铁互作、水稻生理对其响应特征等研究尚少。本文通过不同钾肥用量田间试验，研究不同时期、不同部位水稻植株钾、铁累积动态变化特征，探讨钾与水稻根系活力、叶绿体含量、光合速率及产量构成的相关性，为冷浸田抑制铁毒，发挥其生产潜力提供科学依据。

钾肥不同用量试验地位于福州市闽侯县，成土母质为低丘红壤坡积物，土壤类型为深脚烂泥田。供试土壤基本性质：有机质32.72g/kg、全氮2.16g/kg、全磷0.32g/kg、全钾13.10g/kg、碱解氮173.40mg/kg、有效磷6.70mg/kg、有效钾49.50mg/kg、活性还原性物质 2.77cmol/kg、Fe^{2+} 151.98mg/kg。供试水稻品种为"中浙优 1 号"。

试验采用随机区组设计，设置 4 个水平梯度 K_2O 施用量：不施钾肥（K_0）、72.0kg/hm² （K_1）、144.0kg/hm² （K_2）、216.0kg/hm² （K_3）。除了钾肥用量不同，其余施肥方式都一致。氮肥（N）120.0kg/hm²、磷肥（P_2O_5）84.0kg/hm²，其中氮肥和钾肥 50% 做基肥施用，剩余 50% 在分蘖期做追肥施用，磷肥全部做基肥施用。

9.3.1 施钾对冷浸田水稻生理的影响

（1）分蘖期水稻生长特性

从图 9-1 可知，冷浸田增施钾肥有利于促进水稻分蘖早生快发，增加水稻株高。随着钾肥施用量增加，分蘖数和株高都呈现上升趋势。与 K_0 相比，在分蘖盛期，增施钾肥，分蘖数提高 15.5%~27.8%，株高增加 4.2%~7.2%。由于钾素是水稻体内 40 多种酶的活化剂，能促进水稻光合作用、核酸和蛋白质等形成，因此增施钾肥有利于提高水稻分蘖期生长速率。

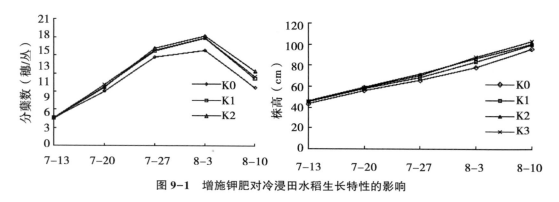

图 9-1 增施钾肥对冷浸田水稻生长特性的影响

（2）水稻光合作用

从表 9-13 可知，增施钾肥有利于提高叶绿素含量。与 K_0 相比，在分蘖期和孕穗期，增施钾肥水稻叶绿素 a+b 分别提高 19.1%~38.2%、10.3%~28.4%。随着施钾量提高，叶绿素 a+b 含量呈现上升趋势，与 K_0 和 K_1 相比，K_2 和 K_3 处理叶绿素 a+b 含量均极显著增加（$P<0.01$）。这可能是由于施钾能抑制 Fe^{2+} 在叶绿体内过度积累，减少自由基氧化叶绿体，从而提升叶绿素 a、叶绿素 b 及叶绿素 a+b 含量，这与周锋利等研究结果类似（周锋利等，2005）。

表 9-13 增施钾肥对冷浸田水稻叶绿素含量的影响 （mg/kg）

处理	分蘖期			抽穗期		
	叶绿素 a	叶绿素 b	叶绿素 a+b	叶绿素 a	叶绿素 b	叶绿素 a+b
K_0	1.04 cB	0.74 dC	1.78 cC	2.51 cB	0.83 bC	3.31cC
K_1	1.18 bA	0.95 cB	2.12 bB	2.75 bB	0.92 bBC	3.65 bB
K_2	1.28 aA	1.06 bAB	2.35 aA	3.10 aA	1.04 aAB	4.18 aA
K_3	1.29 aA	1.17 aA	2.46 aA	3.16 aA	1.06 aA	4.25 aA

光合作用是积蓄能量和形成有机物的过程，而光合速率则是光合强弱的重要反应。从表 9-14 可知，增施钾肥有利于提高光合速率。与对照 K_0 相比，在分蘖期、抽穗期，水稻光合速率分别提高 7.7%~27.0%、11.4%~29.3%，不同处理水稻光合速率以 K_2 处理数值最高。通过对光合速率与胞间 CO_2 浓度、气孔导度关联性分析，其相关系数 （r） 分别为 0.53[*]、0.97[**]。增施钾肥正是基于气孔导度提高、胞间 CO_2 浓度增加，为光合速率提升创造有利条件，与许凤英等 （许凤英等，2014） 的研究结论一致。

表 9-14　增施钾肥对冷浸田水稻光合速率的影响

处理	分蘖期			抽穗期		
	光合速率 ［μmol/ （$m^2 \cdot s$）］	胞间 CO_2 浓度 （μmol/ mol）	气孔导度 ［mmol/ （$m^2 \cdot s$）］	光合速率 ［μmol/ （$m^2 \cdot s$）］	胞间 CO_2 浓度 （μmol/ mol）	气孔导度 ［mmol/ （$m^2 \cdot s$）］
K_0	19.85 cC	294.15 bB	319.36 bA	21.05 cB	300.24 bB	329.21 bA
K_1	21.38 bB	310.86 abAB	344.06 abA	23.45 bB	325 abAB	357.06 abA
K_2	25.22 aA	325.20 aA	364.20 aA	27.22 aA	356.20 aA	384.13 aA
K_3	24.92 aA	319.20 aAB	357.20 aA	26.92 aA	349.20 aAB	379.44 aA

（3）水稻根系活力

根系活力是根系生理机能的重要指标，其强弱能够反映出根系氧化力、物质代谢和向地上部分输送养分与水分的能力。从表 9-15 可知，增施钾肥主要是影响水稻抽穗期和成熟期的根系活力。与 K_0 相比，增施钾肥抽穗期、成熟期水稻根系活力分别提升 10.5%~22.7%、27.7%~48.6%，其中以 K_2 处理根系活力最强，与 K_0 差异均达极显著水平（$P<0.01$）。

表 9-15　增施钾肥对冷浸田水稻根系活力的影响　［单位：mg/ （g·h）］

处理	分蘖期	抽穗期	成熟期
K_0	188.43 aA	109.50 bB	41.53 cC
K_1	191.01 aA	121.03 abAB	53.04 bB
K_2	205.80 aA	134.32 aA	61.72 aA
K_3	200.02 aA	128.80 aAB	61.20 aA

9.3.2　施钾对冷浸田水稻植株钾、铁累积规律的影响

（1）水稻根系钾、铁含量

表 9-16 显示施用钾肥对冷浸田水稻根系钾、铁含量的影响。从中可知，增施钾肥可以提高水稻根系钾含量，同时有利于降低根系铁的累积。与对照 K_0 相比，在分蘖期、抽穗期及成熟期，水稻根系钾含量分别提高 21.7%~75.0%、3.8%~13.5%、3.0%~

18.2%；水稻根系铁含量则分别降低 1.2%~22.3%、8.0%~22.9%、13.2%~17.5%。从不同钾肥用量来看，水稻根系钾含量在分蘖期和抽穗期随着施钾量提高也明显呈上升趋势，其中分蘖期各处理差异均达极显著水平（$P<0.01$）。通过对水稻根系分蘖期钾、铁含量数值关系分析表明，水稻根系钾、铁在分蘖期呈极显著负相关（$P<0.01$，$r=-0.86^{**}$）。

表 9-16　增施钾肥对冷浸田水稻根系钾、铁含量的影响

处理	钾（g/kg）			铁（g/kg）		
	分蘖期	抽穗期	成熟期	分蘖期	抽穗期	成熟期
K_0	6.0 dD	5.2 bB	3.3 bB	32.7 aA	41.5 aA	46.8 aA
K_1	7.3 cC	5.4 bAB	3.4 bAB	32.3 abA	38.2 abA	40.6 bB
K_2	8.5 bB	5.8 aA	3.9 aA	31.0 bA	36.6 bAB	38.6 bB
K_3	10.5 aA	5.9 aA	3.5 bAB	25.4 cB	32.0 cB	38.6 bB

（2）水稻茎叶钾、铁含量

表 9-17 显示增施钾肥有利于水稻茎叶中钾的累积。与对照 K_0 相比，分蘖期、抽穗期、成熟期中茎叶中钾含量分别提高 17.8%~49.4%、11.1%~52.2%、18.6%~55.3%。随着施钾量增加，水稻茎叶中钾含量呈上升趋势，其中以 K_3 处理钾含量最高，达极显著差异水平（$P<0.01$）。增施钾肥对水稻茎叶中铁含量影响较小，在不同时期，各处理间铁含量差异均不显著。

表 9-17　增施钾肥对冷浸田水稻茎叶钾、铁含量的影响

处理	钾（g/kg）			铁（g/kg）		
	分蘖期	抽穗期	成熟期	分蘖期	抽穗期	成熟期
K_0	18.0 cC	20.7 dC	18.8 dD	2.1 a	2.4 a	2.7 a
K_1	21.2 bB	23.0 cC	22.3 cC	1.7 a	2.2 a	2.5 a
K_2	25.8 aA	26.8 bB	26.0 bB	2.1 a	2.2 a	2.4 a
K_3	26.9 aA	31.5 aA	29.2 aA	2.0 a	2.0 a	2.6 a

（3）水稻籽粒钾、铁含量

从表 9-18 可知，增施钾肥能影响水稻稻谷中钾含量，而对水稻稻谷中铁含量无明显影响。随着钾肥施用量增加，水稻稻谷中钾含量也逐渐增加。与对照（K_0）相比，抽穗期、成熟期中稻谷中钾含量分别提高 17.0%~28.6%、13.3%~41.4%，差异均显著。增施钾肥对稻谷中铁含量无明显影响，这个结果与茎叶中铁累积效应较为一致。

94

表 9-18 增施钾肥对水稻谷粒钾、铁含量的影响

处理	钾 （g/kg）		铁 （g/kg）	
	抽穗期	成熟期	抽穗期	成熟期
K₀	1.82 cB	2.10 cB	0.30 a	0.36 a
K₁	2.13 bA	2.38 bB	0.29 a	0.33 a
K₂	2.21 abA	2.94 aA	0.32 a	0.35 a
K₃	2.34 aA	2.97 aA	0.31 a	0.33 a

9.3.3 施钾对冷浸田水稻产量的影响

从表 9-19 可知，增施钾肥能够改善水稻农艺性状。与对照（K₀）相比，有效穗数、每穗实粒数、千粒重与结实率等分别提高 1.7%~4.2%、4.1%~10.8%、1.3%~6.7% 和 1.0~2.6 个百分点。随着钾肥施用量增加，水稻产量也呈上升趋势。与 K₀ 相比，产量增幅为 4.9%~14.8%，每增施 1kg 钾肥（K₂O）可增产稻谷产量 5.82kg，钾肥的增产效应系数 ［（最佳产量-K₀）/最佳产量］ 为 12.88%，其中 K₃ 处理与对照相比水稻产量极显著增加（$P<0.01$）。

表 9-19 增施钾肥对冷浸田水稻产量及构成的影响

处理	有效穗数（万穗/hm²）	每穗实粒数	千粒重（g）	结实率（%）	稻谷产量（kg/hm²）
K₀	203.40 bA	148.72 bA	24.21 cB	82.90 bA	6 502.18 cB
K₁	206.85 bA	154.84 bA	24.53 bA	83.90 bA	6 822.85 bcAB
K₂	211.95 aA	163.10 aA	25.60 aA	85.10 aA	7 339.79 abAB
K₃	208.05 abA	164.80 aA	25.84 aA	85.50 aA	7 462.79 aA

9.3.4 冷浸田水稻植株钾素营养与产量的关系

通过对水稻不同生育期时期茎秆钾含量与稻谷产量的相关分析（图 9-2），其相关系数大小依次顺序：成熟期（$r=0.878^{**}$）>抽穗期（$r=0.845^{**}$）>分蘖期（$r=0.722^{**}$），试验结果表明，增施钾肥通过促进水稻茎秆钾含量提升，进而增加稻谷产量。当前水稻钾素诊断，主要是以分蘖期茎秆钾含量 10.0g/kg 作为临界指标（鲁如坤，1998），然而本试验中水稻生育期中钾含量：分蘖期 18.0~26.9g/kg、抽穗期 20.7~31.5g/kg、成熟期 18.8~29.2g/kg，不同生育期试验结果均显著高于 10.0g/kg 钾含量的临界指标，显然不适宜作为冷浸田钾素植株营养诊断指标。本试验以 216.0kg/hm²（K₃）钾肥用量稻谷产量最高，但由于其与 144.0kg/hm²（K₂）处理差异不明显，因此冷浸田可推荐水稻分蘖期茎叶钾含量 25.8~26.9g/kg 作为适宜营养诊断指标。

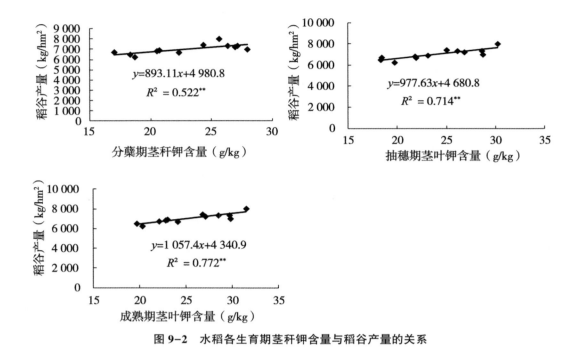

图 9-2 水稻各生育期茎秆钾含量与稻谷产量的关系

9.3.5 冷浸田水稻增施钾肥增产的机制

钾是冷浸田中重要的养分限制因子。冷浸田由于长期渍水，存在高量 Fe^{2+}。Fe^{2+} 胁迫易使水稻根部 Fe 累积，并影响根系对钾的吸收、运输和代谢（郑国红等，2010）。增施钾肥能抑制铁吸收，可能主要通过两个途径，一是钾与铁络合，使铁在根系周围沉积，避免了铁在根系表面的累积而减缓吸收（郑国红等，2010）；二是施钾会提高根系钾含量和根系活力，增强根系分泌氧化酶、氧化性物质能力，使 Fe^{2+} 形成铁的氧化物或氢氧化物等沉积（Machado W et al，2005；刘文菊等，2008），减少铁进入植物体内。铁主要在水稻根系累积，水稻分蘖期又是根系铁累积敏感期（陈正刚等，2014），其叶片和根系更容易受到 Fe^{2+} 的伤害。本试验中根系钾与铁含量呈极显著负相关（$P<0.01$，$r=-0.86^{**}$），因此增施钾肥在分蘖期对抑制水稻根系铁毒表现出明显效果。由于钾素流动性较强，从分蘖期到成熟期，水稻根系吸收钾素向其他部位转移而含量逐渐降低，同时生育后期根系活力的下降，故也降低了对铁的抑制效果。此外，水稻产量决定于抽穗至成熟期的光合生产能力，其中 60% ~ 80% 的粒重来自抽穗的光合产物（曹树青等，2001），因此冷浸田水稻孕穗后期应重视钾肥投入，有利于防止根系早衰。

铁是许多重要氧化还原酶的组成成分，在叶绿体形成、呼吸、光合等方面都起着重要的作用（陈文荣等，2006）。铁进入植株体内大部分积累于叶绿体中或线粒体中，过量 Fe^{2+} 是自由基诱发剂，易形成超氧自由基和羟自由基，从而抑制植物生长。钾是植物体内 40 多种酶的活化剂，参与水稻叶片的碳同化和光合磷酸化作用。本试验中，增施钾肥，叶绿素 a+b、光合速率及稻谷产量均明显提高，进一步证明增施钾肥正是通过抑制铁的过量吸收与运输，同时基于改善叶绿体结构及功能，增强气孔导度和胞间 CO_2 浓度，最终提高光合速率和促进光合产物的形成与输送。由于冷浸田大部分位于丘陵山垄谷地，其土冷水温低，且光照不足，易造成光能利用率低及产量低，而增施钾肥可成为冷浸田提高光能利用率，促进产量提高的有效途径之一。

9.4　冷浸田磷、钾肥平衡配施效应

针对冷浸田土壤有效磷、钾养分缺乏，水稻前期发僵座苗，生长中赤枯病暴发，水稻产量总体偏低的问题，分别在尤溪、顺昌与武平等地开展增施磷、钾肥效应研究，阐明磷、钾对水稻产量的影响，提出磷、钾合理配施技术。

再生稻试验设在福建省尤溪县，土壤类型为浅脚烂泥田，供试土壤 pH 值 5.3，有机质 45.0g/kg、碱解氮 178.4mg/kg、有效磷 6.7mg/kg、有效钾 42.5mg/kg、有效硼 0.15mg/kg。供试水稻品种"宜优 115"。整个生育期每 666.7m² 施氮 15kg、其中前茬 9kg、后茬 6kg。处理一，$N：P_2O_5：K_2O=1：0.5：0.8$（习惯施肥）；处理二，$N：P_2O_5：K_2O=1：0.5：1.2$（增钾）；处理三，$N：P_2O_5：K_2O=1：0.7：0.8$（增磷）；处理四，$N：P_2O_5：K_2O=1：0.7：1.2$（增磷、增钾）；氮肥用尿素、磷肥用过磷酸钙，钾肥用氯化钾，其中氮肥 50% 做基肥、磷肥全部做基肥、50% 氮肥和全部钾肥做追肥，追肥选在分蘖期施用，后茬的基肥在前茬收割前 10~15 d 施用。

单季稻顺昌点为锈水田。供试土壤 pH 5.2，有机质 28.6g/kg、碱解氮 139.5mg/kg、有效磷 10.0mg/kg、有效钾 37.2mg/kg。试验处理一，$N：P_2O_5：K_2O=1：0.4：0.7$（习惯施肥）；处理二，$N：P_2O_5：K_2O=1：0.4：1.0$（增钾）；处理三，$N：P_2O_5：K_2O=1：0.7：0.7$（增磷）；处理四，$N：P_2O_5：K_2O=1：0.7：1.0$（增磷、增钾）。生育期每 666.7m² 施氮 9kg。

单季稻武平点为浅脚烂泥田。供试土壤 pH 5.1，有机质 43.8g/kg、碱解氮 159.1mg/kg、有效磷 25.3mg/kg、有效钾 28.1mg/kg。生育期每 666.7m² 施氮 9kg。试验处理一，$N：P_2O_5：K_2O=1：0.4：0.6$（习惯施肥）；处理二，$N：P_2O_5：K_2O=1：0.4：1.0$（增钾）；处理三，$N：P_2O_5：K_2O=1：0.7：0.6$（增磷）；处理四，$N：P_2O_5：K_2O=1：0.7：1.0$（增磷、增钾）。生育期每 666.7m² 施纯氮 9kg。

尤溪点浅脚烂泥田再生稻试验表明（表 9-20），增施磷、钾肥或二者均增施，与习惯施肥相比，再生稻全年总产量提高 3.6%~7.6%。从中也可见，增施钾肥的增产效果要优于增施磷肥，但是磷、钾肥配施并未体现相应的正交互作用，可能与暖地条件下后期土壤磷素释放增加有关；从顺昌点锈水田单季稻试验来看，与习惯施肥相比，常规移栽模式下增施磷肥或钾肥水稻产量提高 7.7%~19.9%，其中增施钾肥效果要优于增施磷肥，特别是同时增施磷、钾肥提高效果最为显著；从武平点浅脚烂泥田单季稻试验来看，增施钾肥增产效果最为明显，较习惯施肥增产 12.9%，增产显著（$P<0.05$），增施

磷肥增产 5.3%，但未达到显著水平，可能与本底土壤较高的有效磷有关。增施磷钾肥处理较习惯施肥增产 9.5%，增产显著。

表9-20　不同磷、钾配比对冷浸田产量的影响

处理	再生稻（尤溪，浅脚烂泥田）	单季稻（顺昌，锈水田）	单季稻（武平，浅脚烂泥田）
	两茬总产量（kg/hm²）	产量（kg/hm²）	产量（kg/hm²）
习惯施肥（CK）	13 085 b	6 766.0 c	7 371.0 c
增施钾肥	14 084 a	7 777.0 ab	8 319.0 a
增施磷肥	13 556 ab	7 288.2 bc	7 761.0 bc
增施磷钾肥	14 001 a	8 110.3 a	8 070.0 ab

综合上述，冷浸田不同稻作、不同类型增施磷、钾肥均有不同程度的增产效果，最高增产可达20%，其中增施钾肥的增产效果要优于增施磷肥，故生产上冷浸田中稻或再生稻施肥要优先保证钾肥供应。

9.5　本章小结

（1）冷浸田氮素运筹

基于福建省浅脚烂泥田、青泥田与锈水田主要冷浸田类型，通过田间4个试验点研究不同氮肥用量（105、150 与 195kg/hm²）与施用时期（基蘖肥：穗肥＝10：0 与基蘖肥：穗肥＝7：3）运筹组合对单季稻生长的影响。结果表明，增施氮肥促进了各类型冷浸田水稻分蘖期分蘖生长速率。不同氮肥组合的锈水田、青泥田与浅脚烂泥田（两个点）水稻籽粒产量分别较不施肥增幅 14.5%～45.5%、9.4%～13.5%、10.4%～15.9% 与 16.2%～28.1%，但在 105kg/hm² 用量基础上再进一步增施氮肥，籽粒增产效果明显放缓。施用氮肥显著增加了成熟期水稻有效穗数，但对每穗实粒数及千粒重影响不明显。105、150、195kg/hm² 三种氮肥用量下各类型冷浸田的农学效率均值分别为 17.5、12.6 与 11.3kg/kg N。除浅脚烂泥田（MH2）施用穗肥的秸秆产量有显著差异外，其余氮肥不同施肥时期的籽粒与秸秆产量均无显著差异。增施氮肥有提高籽粒氮的趋势，但同时降低了籽粒钾含量。鉴于冷浸田土壤氮素水平较高，宜采取控制策略，单季稻氮肥经济用量宜控制在 105～150kg/hm² 中低水平，超过 150kg/hm²，农学效率递减，且无明显增产效果。另从人工成本及效益考虑，宜选择基蘖肥：穗肥＝10：0 的施氮方式。

（2）冷浸田磷素运筹

磷是冷浸田的主要限制因子。与对照相比，分蘖期增施磷肥使根、茎叶的磷含量和叶片净光合速率增加 10.5%～36.8%、18.5%～37.0% 和 15.2%～29.9%；抽穗期使根、茎叶和稻穗的磷含量增加 11.8%～23.5%、24.1%～41.4% 和 9.7%～22.6%，叶片净光合速率和可溶性糖含量提高 13.4%～27.1% 和 6.0%～22.4%，而淀粉含量则降低 12.0%～41.8%；成熟期的稻穗磷含量和产量增加 0.7%～28.6% 和 4.6%～10.3%。施磷量（X）与稻谷产量（Y）满足方程：$Y = -0.083\ 5X^2 + 14.224X + 6\ 530.9$（$r = 0.94^*$），抽穗期茎叶磷含量、叶片净光合速率与稻谷产量的相关系数分别为 0.57^* 和 0.77^*。因

此，冷浸田增施磷肥可提高水稻植株的磷含量、叶片净光合速率和可溶性糖含量，并降低叶片淀粉累积，进而提高稻谷产量。抽穗期是磷肥影响冷浸田水稻产量的关键时期，3.8g/kg 的抽穗期茎叶磷含量可作为冷浸田中稻磷素养分适宜的参考指标，冷浸田水稻磷肥（P_2O_5）的推荐用量为 85.17kg/hm^2，这高于常规稻田用量。

（3）冷浸田钾素运筹

有效钾缺乏、Fe^{2+} 毒害是影响冷浸田水稻产量的重要因素。试验表明，与不施钾肥相比，增施钾肥孕穗期水稻叶绿素 a+b 和光合速率分别增加 10.3%~28.4%、11.4%~29.3%，抽穗期与成熟期根系活力分别提高 10.5%~22.7%、27.7%~48.6%，成熟期稻谷产量增加 4.9%~14.8%。施肥能促进植株体内钾的吸收和抑制根系对铁的累积。在水稻分蘖期、抽穗期与成熟期，根系铁含量分别降低 1.2%~22.3%、8.0%~22.9%、13.2%~17.5%。此外，在分蘖期水稻根系钾与铁含量呈极显著负相关（$P<0.01$，$r=-0.86**$）。水稻分蘖期茎叶钾含量 25.8~26.9g/kg 可作为冷浸田水稻营养适宜参考指标。综上所述，增施钾肥能够提高根系活力，增强光合作用，促进碳水化合物合成与运输，同时较好地抑制铁的累积，因此增施钾肥是发挥冷浸田生产潜力的有效措施。

鉴于冷浸田土壤氮素水平较高而磷、钾水平较低，对冷浸田氮素施用应采取控制而对磷、钾应采取提高的管理策略。结合冷浸田土壤磷、钾养分调查及水稻氮、磷、钾肥施肥效应研究成果，提出冷浸田水稻施肥推荐比例，N：P_2O_5：K_2O＝1：0.5~0.7：1.0~1.2，即氮肥经济用肥量控制在 105~150kg/hm^2 范围。从中可看出，冷浸田磷、钾施肥比例要比一般常规稻田 1：0.4：0.8 高。如果以氮肥 120kg/hm^2 计算，需施磷肥 60~84kg，钾肥 120~144kg。以这样的施肥配方连续进行 3~5 年的监测，再根据耕层养分做适当调整。

参考文献

蔡妙珍，罗安程，林咸永，等．2003．过量 Fe^{2+} 胁迫下水稻养分吸收和分配［J］．浙江大学学报：农业与全命科学版，29（3）：305-310.

曹树青，翟虎渠，杨图南，等．2001．水稻种质资源光合速率及光合功能期的研究［J］．中国水稻科学，15（1）：29-34.

陈文荣，刘鹏，黄朝表，等．2006．铝对荞麦铝和其他营养元素运输的影响［J］．水土保持学报，20（3）：173-176.

陈正刚，徐昌旭，朱青，等．2014．不同类型冷浸田 Fe^{2+} 对水稻生理酶活性的影响［J］．中国农学通报，30（12）：63-70.

郭朝晖，李合松，张杨珠，等．2002．磷素水平对杂交水稻生长发育和磷素运移的影响［J］．中国水稻科学，16（2）：151-156.

李娟，章明清，姚宝全，等．2015．福建单季稻氮磷钾推荐施肥量研究［J］．福建农业学报，30（10）：933-938.

李清华，王飞，林诚，等．2015．水旱轮作对冷浸田土壤碳、氮、磷养分活化的影响［J］．水土保持学报，29（6）：113-117.

刘文菊，胡莹，朱永官，等．2008．磷饥饿诱导水稻根表铁膜形成机理初探［J］．

植物营养与肥料学报，14（1）：22-27.

鲁如坤．1998. 土壤—植物营养学原理和施肥［M］. 北京：化学工业出版社：393-395.

石伟勇．2005. 植物营养诊断与施肥［M］. 北京：中国农业出版社，26-28.

唐湘如，余铁桥．2002. 施氮肥对饲用杂交稻产量和蛋白质含量的影响及其机理研究［J］. 中国农业科学，35（4）：372-377.

王永锐，周天生．1994. 水稻氮、磷、钾营养和合理施肥［J］. 植物生理学报，30（5）：384-385.

王永壮，陈欣，史奕．2013. 农田土壤中磷素有效性及影响因素［J］. 应用生态学报，24（1）：260-268.

吴照辉，贺立源，左雪冬，等．2008. 低磷胁迫对不同基因型水稻阶段生物学特征的影响［J］. 植物营养与肥料学报，14（2）：227-234.

徐祥玉，张敏敏，刘晔，等．2014. 磷钾调控对冷浸田水稻产量和养分吸收的影响［J］. 植物营养与肥料学报，20（5）：1076-1083.

许凤英，张秀娟，王晓玲，等．2014. 液体硅钾肥对水稻冠层结构、光合特性及产量的影响［J］. 江苏农业学报，30（1）：67-72.

于飞，施卫明．2015. 近10年中国大陆主要粮食作物氮肥利用率分析［J］. 土壤学报，52（6）：1311-1324.

郑国红，胡婵娜，刘鹏，等．2010. 外源钾对铁胁迫下水稻元素吸收运输规律的影响［J］. 水土保持学报，24（5）：141-145，152.

郑国红，周楠，刘鹏，等．2010. 外源钾对铁胁迫下水稻细胞壁多糖含量及耐铁性的影响［J］. 生态学报，30（20）：5585-5591.

周锋利，江玲，王松凤，等．2005. 钾离子对水稻亚铁毒害的缓解作用［J］. 南京农业大学学报，28（4）：6-10.

Hammond J P，White P J. 2008. Sucrose transport in the phloem：integrating root responses to phosphorus starvation［J］. Journal of Experimental Botany，59（1）：93-109.

Nilsson L，Muller R，Nielsen T H. 2007. Increased expression of the MYB-related transcription factor，*PHR*1，leads to enhanced phosphate uptake in *Arabidopsis thaliana*［J］. Plant Cell Environ，30（12）：1499-1512.

Weiner H，Mcmichael R W，Huber S C. 1992. Identification of factors regulating the phosphorylation status of sucrose-phosphate synthase *in vivo*［J］. Plant Physiol，99（4）：1435-1442.

Machado W，Gueiros B B，Lisboa-filho S D，*et al*. 2005. Trace metals in mangrove seedings：role of iron plaque formation［J］. Wetlands Ecology and Management，13（2）：199-206.

10 冷浸田水稻硫镁硅养分管理

硫、镁、硅均是水稻必需的营养元素或有益元素。本研究通过冷浸田单季稻硫、镁与硅肥运筹，探讨冷浸田施用硫、镁、硅肥对田间植株群体结构的影响，为生产力提升及形成轻简化改良技术提供依据。

10.1 冷浸田水稻硫、镁肥效应

本研究位于闽侯县白沙镇。试验土壤为青泥田，土壤基本性质：pH 5.08，有机质 24.1g/kg，碱解氮 140.9mg/kg，有效磷 4.9mg/kg，有效钾 38.8mg/kg，有效硫 48.8mg/kg，交换性镁 0.41cmol/kg。试验施硫（S）量设 3 个水平，分别为 0、22.5、45kg/hm^2（分别用 S_0、S_1、S_2 代号表示），镁（Mg）肥施肥量设 2 个水平，分别为 0、30kg/hm^2（分别用 Mg_0、Mg_1 代号表示）；各处理分别为 S_0Mg_0（CK）、S_0Mg_1、S_1Mg_0、S_1Mg_1、S_2Mg_0、S_2Mg_1，共 6 个处理。供试水稻品种为"中浙优 1 号"。镁肥用氢氧化镁（含 Mg 24%）与硫肥（硫磺）均按基肥一次性施用。磷肥（67.5kg/hm^2）全部做基肥。氮肥（135kg/hm^2）基肥与分蘖肥各占一半，钾肥（108kg/hm^2）全部做分蘖肥施用。

10.1.1 施用硫、镁肥对冷浸田水稻分蘖期植株生长的影响

图 10-1 显示，硫、镁肥配施均不同程度提高了水稻分蘖期分蘖速率，从 5 次观测的结果来看，S_0Mg_1、S_1Mg_0、S_1Mg_1、S_2Mg_0、S_2Mg_1 5 个处理的平均分蘖数较 CK 增幅 0.68~0.92 穗/丛，其中以 S_2Mg_1 增加最为明显；从株高来看，不同施肥 5 次平均较 CK 增幅 0.80~1.24cm，以 S_1Mg_0 增加最为明显。说明施用镁、硫肥不同程度提高了水稻分蘖期的分蘖生长。

10.1.2 施用硫、镁肥对冷浸田水稻产量及构成的影响

表 10-1 显示，硫、镁肥不同配施均显著提高了成熟期籽粒产量。与 CK 相比，施用硫、镁肥各处理增幅 2.2%~8.2%，除 S_0Mg_1 外，均达到显著增产效果（$P<0.05$）。施硫与施镁增产效果不同。对镁肥而言，不施硫下，施用镁肥增产 4.0%，差异不显著，而施 S_1 与 S_2 水平下，施用镁肥也均无显著增产效果；对硫肥而言，不施镁下，S_1 与 S_2 水平分别较 CK 均增产 6.4% 与 8.2%，增产均显著（$P<0.05$），但 S_1 水平与 S_2 水平差异未显著，而施镁条件下，S_1 与 S_2 水平分别较 S_0Mg_1 增产 3.9% 与 4.5%，增产显著（$P<0.05$）。从产量因子来看，施用硫、镁肥均不同程度提高了有效穗数，其中 S_1Mg_0、S_1Mg_1、S_2Mg_0 与 CK 相比均达到显著差异（$P<0.05$）。上述说明，青泥田不论

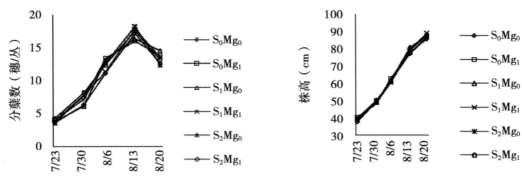

图 10-1　施用硫、镁肥水稻分蘖期动态

是否配施硫肥，施用镁肥增产不明显，但施用硫肥增产效果明显，且产量随着硫肥用量增加呈上升趋势。按硫磺每千克 3 元、稻谷每千克 3 元计，22.5kg/hm² 硫磺施用量（S_1Mg_0），可增收 1 267元/hm²。从中也可知，硫、镁肥配施在产量方面并未表现出明显的协同作用。

表 10-1　施用硫、镁肥对水稻产量的影响

处理	有效穗 （穗/丛）	每穗实粒数	千粒重 （g）	籽粒产量 （kg/hm²）
S_0Mg_0（CK）	11.0 b	110.5 ab	24.09 a	7 007 b
S_0Mg_1	11.5 ab	109.2 b	24.25 a	7 164 b
S_1Mg_0	12.3 a	128.3 ab	24.08 a	7 452 a
S_1Mg_1	12.4 a	116.0 ab	24.24 a	7 441 a
S_2Mg_0	12.3 a	115.3 ab	23.45 a	7 581 a
S_2Mg_1	12.0 ab	133.7 ab	24.31 a	7 487 a

10.1.3　施用硫、镁肥对冷浸田水稻籽粒养分及品质的影响

表 10-2 显示，施用镁肥或硫肥有不同程度提高籽粒氮素含量的趋势，各处理较 CK 增加 0.13~0.8g/kg，但未达到显著差异；从籽粒磷素来看，施用硫肥均有提高籽粒磷素含量的趋势，其中 S_2Mg_0 处理较 CK 提高 21.6%，差异显著（$P<0.05$），不同施肥处理的籽粒钾素含量无明显差异。从籽粒氨基酸来看（表 10-3），单独施用镁肥或硫肥有提高籽粒氨基酸总量与必需氨基酸的趋势，但未达到显著差异水平。

表 10-2　不同处理对水稻籽粒养分的影响

处理	N（g/kg）	P（g/kg）	K（g/kg）
S_0Mg_0（CK）	11.41 a	2.59 b	3.05 a
S_0Mg_1	11.89 a	2.49 b	2.61 a
S_1Mg_0	11.54 a	2.87 ab	3.26 a

（续表）

处理	N（g/kg）	P（g/kg）	K（g/kg）
S_1Mg_1	11.67 a	2.77 ab	3.03 a
S_2Mg_0	12.21 a	3.15 a	3.14 a
S_2Mg_1	11.63 a	2.74 ab	3.15 a

表 10-3 不同处理对水稻籽粒氨基酸含量的影响

处理	氨基酸总量（g/100g）	必需氨基酸（g/100g）
S_0Mg_0（CK）	6.20±0.63	2.12±0.19
S_0Mg_1	6.54±0.14	2.22±0.06
S_1Mg_0	6.27±0.13	2.15±0.04
S_1Mg_1	6.72±0.97	2.30±0.33
S_2Mg_0	6.34±0.16	2.17±0.04
S_2Mg_1	6.06±0.56	2.09±0.19

注：根据 GB/T 5009.124—2003 食品中氨基酸的测定。

10.1.4 冷浸田水稻施硫增产原因

根据硫素丰缺分级标准（彭嘉桂等，2005），一般稻田有效硫小于 16mg/kg 为缺乏级，16~30mg/kg 为潜在性缺乏级，30~50mg/kg 为丰富级，大于 50mg/kg 为极丰富级。本供试土壤硫素为丰富级水平，但冷浸田施用硫肥仍可表现增产，可能是由于冷浸田土壤长期处于还原状态，而水溶性硫酸盐和大部分酸溶性硫酸盐是植物的有效硫，可以为植物直接吸收利用。在此环境下，水稻生育期部分 SO_4^{2-} 被还原成还原态 S，从而使硫素有效性降低。因而冷浸田土壤硫素丰富指标可能要高于常规稻田。由于硫是作物生长发育必需的营养元素，它是组成生物脂膜、构成叶绿素等必需的元素之一。低硫胁迫会造成水稻叶片叶肉细胞内的叶绿体结构肿胀，基粒片层松弛、散乱，细胞器减少，线粒体结构被破坏，根系细胞内几乎没有内含物（张秋芳等，2008），缺硫还导致水稻有效穗减少、千粒重下降（陈秋龄等，1998）。因而冷浸田适当施用硫肥对水稻产量有较好的增产效果。此外，本研究条件下施用磷肥的过磷酸钙中虽含有一定的硫酸钙成分，但微溶于水，尚难以满足作物对硫的需要，故还需外源硫肥的补充。

10.2 冷浸田水稻硅肥效应

试验区位于浦城县莲塘镇山桥村，试验稻田为青泥田，土壤基本性质，pH 5.1，容重 0.93g/cm³，有机质 47.7g/kg，碱解氮 292.0mg/kg，有效磷 9.4mg/kg。试验设不施硅肥（CK）与施硅肥 2 个处理。供试肥料为硅酸钠，含有效硅 20%。硅酸钠每公顷用量 75kg，全部做基肥用。供试水稻品种为"嘉优 99"。

10.2.1 冷浸田施用硅肥对水稻产量的影响

施用硅肥可提高水稻每穗实粒数与千粒重。表 10-4 显示施用硅肥穗长增加 0.8cm，每穗实粒数增加 12.2 粒，增施微肥硅可以促进水稻灌浆饱满，千粒重增加 0.3g，但有效穗有所降低。从产量来看，施用硅肥的籽粒产量较 CK 增产 6.5%。按每千克硅酸钠 5 元计，施用硅肥可增收 1 281元/hm²。

表 10-4　施用硅肥对水稻产量及构成的影响

处理	穗长（cm）	有效穗（穗/丛）	每穗实粒数（粒/穗）	千粒重（g）	籽粒产量（kg/hm²）
不施硅肥（CK）	26.5	12.2	163.0	23.9	8 517
施硅肥	27.3	11.5	175.2	24.2	9 069

10.2.2 冷浸田水稻施硅肥增产原因

冷浸田长期处于渍水环境，还原性物质过高影响水稻根系生长。硅是有益元素，一般稻田土壤硅素养分丰缺指标为100mg/kg（叶春，1994）。施硅肥可改善水稻的形态结构，提高水稻的抗性，包括抗倒性、抗病虫害与抗逆境能力（杨利等，2009；马同生，1997）。有效硅可以提高根系的氧化能力，抑制铁、锰的过量吸收，同时也增强了植株组织对过量锰的忍耐力（Horiguchi T et al，1988；Liang Y C et al，2007；李萍等，2011）。在水培的不同浓度亚铁条件下，施硅处理的根系氧化力达到最大值时，亚铁浓度在 50~80mg/L，而不施硅处理的则为 40~70mg/L，表明硅能缓解亚铁对水稻根系的毒害作用（苏以荣等，1993）。对长期淹水土壤而言，由于氧化铁还原而被氧化铁包被的硅被释放出来，硅的有效性提高，但同时，水溶性硅向下淋溶性较强，以至 SiO_2 移至下层后移出土体而淋失（张杨珠等，1997）。因此冷浸田土壤施用适量的硅肥有助于产量提升。此外，有研究表明，水稻植株前期硅素积累量少，幼穗分化期以后硅素积累量占总积累量的3/4（甘秀芹等，2004），因而硅肥分期施用效果可能更佳，但对其适宜用量需作进一步研究。

10.3　本章小结

青泥田施用镁硫肥效果表明，施用硫镁肥各处理增幅 2.2%~8.2%，其中施用镁肥增产不明显，但施用硫肥增产效果明显。另外，镁硫肥配施在产量方面也并未表现出协同作用。施用镁肥或硫肥有不同程度提高籽粒氮素含量的趋势，各处理较 CK 增加 0.13~0.8g/kg；施用硫肥均有提高籽粒磷素含量的趋势，其中 S_2Mg_0 处理较 CK 提高 21.6%，差异显著。冷浸田施用 22.5kg/hm² 硫黄，可增收 1 267元。综上所述，冷浸田水稻生产上建议施用硫肥（硫黄）22.5kg/hm² 为宜。

青泥田施用硅肥可有效提高水稻每穗实粒数与千粒重，每公顷施用75kg硅肥的籽粒产量较 CK 增产 6.5%，可增收 1 281元/hm²，增产增收明显。

参考文献

陈秋舲，李延，姚源琼，等．1998．硫对水稻产量的影响及缺硫诊断研究［J］．福建农业学报，13（2）：53-57．

甘秀芹，江立庚，徐建云，等．2004．水稻的硅素积累与分配特性及其基因型差异［J］．植物营养与肥料学报，10（5）：531-535．

李萍，宋阿琳，李兆君，等．2011．硅对过量锰胁迫下水稻根系抗氧化系统和膜脂质过氧化作用的调控机理［J］．环境科学学报，31（7）：1542-1549．

马同生．1997．我国水稻土中硅素丰缺原因［J］．土壤通报，28（4）：169-171．

彭嘉桂，章明清，林琼，等．2005．福建耕地土壤硫库、形态及吸附特性研究［J］．福建农业学报，20（3）：163-167．

苏以荣．1993．硅缓解亚铁对水稻根系毒害的研究［J］．热带亚热带土壤科学，2（3）：171-174．

杨利，马朝红，范先鹏，等．2009．硅对水稻生长发育的影响［J］．湖北农业科学，48（4）：990-991．

叶春．1994．硅肥应用技术与前景［M］．北京：中国农业科技出版社．

张秋芳，彭嘉桂，林琼，等．2008．硫素营养胁迫对水稻根系和叶片超微结构的影响［J］．土壤，40（1）：106-109．

张杨珠，欧志宏，黄运湘，等．1997．稻作制、有机肥和地下水位对红壤性水稻土有效硅含量的影响［J］．农业现代化研究，18（2）：97-101．

Horiguchi T. 1988. Mechanism of manganese toxicity and tolerance of plants Ⅳ：Effect of silicon on alleviation of manganese toxicity of rice plants ［J］. Soil Science and Plant Nutrition，34（1）：65-73.

Liang Y C，Sun W C，Zhu Y G，*et al.* 2007. Mechanisms of siliconmediated alleviation of abiotic stresses in higher plants：A review ［J］. Environment Pollution，147（2）：422-428.

11   冷浸田水稻水肥耦合效应

渍是影响土壤肥力的主导因素，因而挖沟排渍是冷浸田改良的一个重要措施。据建瓯县 30hm² 试验田统计，采用石砌深窄沟（主沟深 1.5m、宽 0.3m；支沟深 1m、宽 0.3m）开沟，第一年每 666.7m² 增稻谷 127kg，第二年再增稻谷 79kg，据田间测定，在田间 25m 范围内，日渗水速度增加，还原性物质明显降低，氧化还原电位明显升高（福建省土壤普查办公室，1991）。鉴于当前福建山区冷浸田大多缺乏水利设施，对多数山垅冷浸田而言，简易开沟是一项较易推行的实用技术。但开沟与施肥二者技术集成对冷浸田生产力乃至籽粒品质的影响尚不清楚。其二者技术耦合效应目前也尚不明确。为此，本研究拟通过福建山区冷浸田简易开沟排渍与优化施肥集成技术探索，旨在为有效提升冷浸田生产力提供技术。

试验区位于福建省闽清县东桥镇青泥田。地形为山前倾斜平原交接洼地及冲积平原低凹地，冷浸田由山垅地表水串排串灌，常年涝渍形成。土壤主要性质：pH 5.38、碱解氮 142.9mg/kg、有效磷 12.65mg/kg、有效钾 98mg/kg、有机质 29.8g/kg。试验设 4 个处理：①不开沟，习惯施肥（CK）；②不开沟，高磷钾配方肥（PF）；③简易开沟+习惯施肥（KG+XG）；④简易开沟+高磷钾配方肥（KG+PF）。习惯施肥比例 $N : P_2O_5 : K_2O = 1 : 0.4 : 0.7$，配方肥 $N : P_2O_5 : K_2O = 1 : 0.7 : 1.2$。各处理每公顷统一施氮肥 120kg。其磷肥做基肥施用；氮、钾肥基肥占 60%，分蘖肥占 40%；配方肥 $N : P_2O_5 : K_2O = 1 : 0.7 : 1.2$，N、P、K 总养分 41%（14-10-17），基肥占 60%，分蘖肥占 40%。开沟排渍处理主沟宽 30cm，深 40cm；环沟宽 30cm，深 30cm，水稻生育期保持湿润至浅水灌溉状态；不开沟处理则常年浸渍。为减少排渍试验小区对非排渍试验小区的影响，在开沟与非开沟处理间设置缓冲带，缓冲带长 5m，宽 3m。单季水稻品种"甬优 9 号"。

11.1   开沟排渍与优化施肥下水稻产量

PF、KG+XG 与 KG+PF 处理均不同程度提高了水稻有效穗数。由表 11-1 可知，与 CK 相比，增幅 5.1~26.68 万穗/hm²，其中以 KG+PF 处理最佳，较 CK 提高 14.5%，差异显著（$P<0.05$）；不同处理同样提高了水稻每穗实粒数，但未达到显著水平；开沟下的 KG+XG 与 KG+PF 处理均有提高千粒重的趋势，但不开沟下 PF 肥的千粒重较 CK 有所降低。

表 11-1   开沟排渍与优化施肥对水稻产量及经济性状的影响

处理	有效穗 （万/hm²）	每穗实粒数	千粒重 （g）	稻谷产量 （kg/hm²）	稻草产量 （kg/hm²）
CK	182.53 c	159.0 a	22.43 a	8 357.5 d	6 222.5 a

（续表）

处理	有效穗（万/hm²）	每穗实粒数	千粒重（g）	稻谷产量（kg/hm²）	稻草产量（kg/hm²）
PF	202.68 ab	164.4 a	22.06 a	8 751.1 c	6 578.1 a
KG+XG	187.62 bc	170.1 a	23.89 a	9 640.9 b	6 933.7 a
KG+PF	209.20 a	175.1 a	22.71 a	10 010.0 a	7 289.3 a
平均值					
开沟	198.41 a	172.6 a	23.30 a	9 825.5 a	7 111.4 a
不开沟	192.60 a	161.7 a	22.24 b	8 554.3 b	6 400.3 a
优化施肥	205.94 a	169.7 a	23.16 a	9 380.5 a	6 933.7 a
习惯施肥	185.08 b	164.6 a	22.38 a	8 999.2 b	6 578.1 a
F 值					
开沟	1.98	3.05	63.84*	148.6**	2.56
施肥	12.15*	1.89	0.62	14.2*	0.55
开沟×施肥	0.01	0	0.17	0.01	0

从产量来看，PF、KG+XG 与 KG+PF 处理均不同程度提高了水稻籽粒产量，与 CK 相比，三者分别增产 4.7%、15.4% 与 19.8%，差异均显著（$P<0.05$），其中开沟效应平均增产 14.9%，施肥效应平均增产 4.1%。开沟也提高了稻草产量，但效应不明显。上述说明，对冷浸田中潜育化程度较低的青泥田类型而言，开展简易开沟排渍，并增施磷、钾肥，产量增产显著，且开沟对水稻正效应要明显高于施肥。

另从开沟与施肥二者单独效应与交互效应来看，开沟对千粒重与稻谷产量影响显著，而施肥对有效穗与稻谷产量影响显著，而开沟与施肥间产量交互效应不明显，即二者措施在产量上表现为叠加效应。

11.2　开沟排渍与优化施肥下水稻分蘖期生长特性

（1）水稻分蘖数

由图 11-1 可知，不开沟条件下，冷浸田优化施肥的水稻分蘖前期速率较 CK 慢，但后期分蘖增速高于 CK。从分蘖期 6 月 25 日至 8 月 6 日 7 次观测的来看，前五次配方肥的分蘖数比 CK 减幅 0.6~3.2 穗/丛，而后两次则增幅 0.2~1.8 穗/丛，开沟条件下，结合优化施肥的（KG+PF）7 次观测的分蘖数较 CK 增幅 0.6~3.8 穗/丛，说明开沟条件下优化施肥（KG+PF）在生育期前期表现效果更佳，这有利于生育后期的高产。

（2）水稻叶片光合色素

由图 11-2 可以看出，简易开沟（KG+XG 与 KG+PF 处理）不同程度提高了分蘖期叶片光合色素含量，与 CK 相比，其中叶绿素 a 增加 0.11~0.87mg/g，叶绿素 b 增加 0.25~0.44mg/g。另外，不论开沟与否，优化施肥的叶片光合色素含量较 CK 均有不同

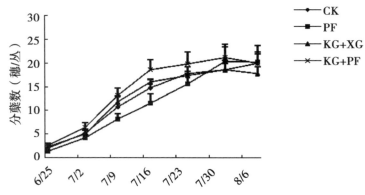

图 11-1　开沟排水与优化施肥对水稻分蘖期分蘖数的影响

程度的提高，其中结合开沟排水的叶绿 a 与叶绿素 b 与 CK 均达到显著差异水平（$P<$0.05）。从中也可看出，KG+PF 处理的各光合色素含量均为最高，表现出良好的耦合效应。

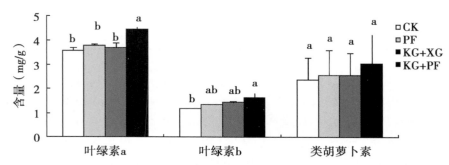

图 11-2　开沟排渍与优化施肥对水稻分蘖盛期水稻叶片光合色素的影响

11.3　开沟排渍与优化施肥下水稻籽粒氨基酸品质

从水稻籽粒 17 种氨基酸含量变化看出（表 11-2 和表 11-3），PF、KG+XG 与 KG+PF 处理均不同程度提高了水稻籽粒各氨基酸、必需氨基酸与总氨基酸含量，其中必需氨基酸增幅 1.3%～8.3%，以 KG+PF 处理最高，与 CK 差异显著（$P<0.05$），总氨基酸增幅 0.9%～9.8%，也以 KG+PF 最高，与 CK 差异显著。从单项措施来看，开沟效应总氨基酸含量提高 0.5%，而施配方肥提高 8.1%。从中可以看出，优化施肥的效应要高于开沟排渍，这点与产量效应表现不同，二者同样对氨基酸含量交互效应不显著。

表 11-2　开沟排渍与优化施肥对水稻籽粒各氨基酸含量的影响　　　　　　（g/100g）

氨基酸	CK	PF	KG+XG	KG+PF
天门冬氨酸 Asp	0.570 b	0.607 ab	0.573 b	0.617 a
苏氨酸 Thr	0.235 a	0.250 a	0.237 a	0.253 a
丝氨酸 Ser	0.320 a	0.333 a	0.317 a	0.337 a

（续表）

氨基酸	CK	PF	KG+XG	KG+PF
谷氨酸 Glu	1.050 a	1.130 a	1.050 a	1.130 a
甘氨酸 Gly	0.285 b	0.303 ab	0.287 b	0.313 a
丙氨酸 Ala	0.355 a	0.370 a	0.353 a	0.383 a
胱氨酸 Cys	0.075 a	0.083 a	0.080 a	0.100 a
缬氨酸 Val	0.360 c	0.387 ab	0.370 bc	0.407 a
甲硫氨酸 Met	0.120 a	0.123 a	0.120 a	0.123 a
异亮氨酸 Ile	0.230 a	0.253 a	0.240 a	0.253 a
亮氨酸 Leu	0.480 a	0.517 a	0.487 a	0.520 a
酪氨酸 Tyr	0.170 b	0.217 ab	0.200 ab	0.240 a
苯丙氨酸 Phe	0.315 a	0.337 a	0.320 a	0.337 a
赖氨酸 Lys	0.270 a	0.283 a	0.263 a	0.283 a
组氨酸 His	0.155 a	0.167 a	0.157 a	0.167 a
精氨酸 Arg	0.455 c	0.517 ab	0.477 bc	0.537 a
脯氨酸 Pro	0.300 ab	0.303 ab	0.273 b	0.313 a

表 11-3　开沟排渍与优化施肥对水稻籽粒必需氨基酸与总氨基酸含量的影响

处理	必需氨基酸（g/100g）	总氨基酸（g/100g）
CK	2.01 b	5.75 b
PF	2.15 ab	6.18 ab
KG+XG	2.04 ab	5.80 b
KG+PF	2.18 a	6.31 a
平均值		
开沟	2.11 a	6.06 a
不开沟	2.09 a	5.96 a
优化施肥	2.16 a	6.25 a
习惯施肥	2.02 b	5.78 b
F 值		
开沟	0.46	0.36
施肥	8.37*	11.4*
开沟×施肥	0	0.08

11.4 开沟排渍与优化施肥下稻田土壤还原性物质

由表 11-4 可知，简易开沟（KG+XG 与 KG+PF 处理）不同程度降低了水稻分蘖期稻田土壤的还原性物质含量，其中还原性物质总量降幅 3.9%~8.8%，活性还原性物质降幅 3.6%~4.2%，Fe^{2+} 降幅 26.3%~56.8%，方差分析表明，KG+PF 处理与 CK 的活性还原性物质含量及 Fe^{2+} 含量差异显著（$P<0.05$）。另从施肥处理来看，无论开沟与否，优化施肥处理土壤还原性物质与对应的习惯施肥无明显差异。

表 11-4 开沟排渍与优化施肥对水稻分蘖盛期稻田土壤还原性物质的影响

处理	还原性物质总量（cmol/kg）	活性还原性物质（cmol/kg）	Fe^{2+}（mg/kg）
CK	0.697 a	0.553 a	205.12 a
PF	0.816 a	0.569 ab	196.75 a
KG+XG	0.670 a	0.533 b	151.15 ab
KG+PF	0.636 a	0.530 b	88.55 b

11.5 开沟排渍与优化施肥下稻田土体构型

表 11-5 显示，不同水分管理的青泥田水稻成熟期土壤剖面结构出现一定差别。开沟处理（KG+XG 与 KG+PF）与不开沟处理（CK 与 PF）的耕作层厚度均为 18cm，犁底层过渡发育均较弱（约 3cm），差异不明显。但开沟处理的潜育层，其锈纹锈斑可见到表土下 50cm，而不开沟的潜育层的锈纹锈斑只见到地表下 37cm，二者相差 13cm。另从丰度来看，不开沟的锈斑丰度仅占同发生层的 5% 以内，而开沟的占 30% 左右。表明开沟后随着水分的沉降，土壤的透气性得到一定改善，表现出明显的脱潜特征。

表 11-5 开沟排渍与优化施肥对土体构型的影响

	诊断层	深度（cm）		诊断层	深度（cm）
开沟（KG+XG、KG+PF）	A	0~18	未开沟（CK、PF）	A	0~18
	P	18~21		P	18~21
	Gg	21~50		Gg	21~37
	G	>50		G	>37

注：A-耕作层；P-犁底层；Gg-潜育层，含锈斑纹；G-潜育层。

11.6 籽粒产量与氨基酸品质、土壤还原性物质相互关系

由表 11-6 可知，籽粒产量与土壤活性还原性物质及亚铁含量呈极显著负相关。从中说明，对冷浸田而言，活性还原性物质或亚铁一定程度上可以表征冷浸田改良效果，而活性还原性物质或亚铁越低，相关的水稻产量则越高。另从表中可知，籽粒氨基酸品

质与产量、亚铁含量无显著相关。

表 11-6 籽粒产量与氨基酸品质、土壤还原性物质、团聚体组成的相关性 (r)

项目	产量	必需氨基酸	籽粒总氨基酸	还原性物质总量	活性还原性物质
必需氨基酸	0.36	1			
总氨基酸	0.4	0.99**	1		
还原性物质总量	−0.35	0.32	0.26	1	
活性还原性物质	−0.68**	−0.19	−0.2	0.31	1
亚铁 Fe^{2+}	−0.79**	−0.15	−0.18	0.61*	0.48

11.7 冷浸田水肥耦合叠加效应

水肥耦合效应已日益引起人们的重视，其核心是强调植物生长的两大环境因素"水"及"肥"之间的有机联系，二者表现出协同、叠加或拮抗效应，从而影响作物产量及水肥利用率（Wiedenfeld，B. Enciso et al，2008；Flavio H. Gutierrez-Boem et al，1999；张凤翔等，2006），从调控角度来看，可以利用水肥间的协同作用，在另一因子数量上的加强而得到补偿，减小植物由于该因子数量上不足所引起的损害与减产，以达到以肥调水，以水促肥的效果（穆兴民等，1999；汪德水等，1995）。以往的水肥耦合效应多集中于缺水的北方旱地农业研究。如有研究表明水肥交互耦合提高了春小麦叶片光合速率（尹光华等，2006）；仅从温室番茄产量角度评价，以中等氮肥用量、高钾肥用量和高灌水量为水肥调控的最佳组合（孙文涛等，2005）；与以往研究相比，本研究对象是常年发生渍涝的冷浸田，而对水养管理而言，同样存在着上述耦合关系。这是由于在其低产因素中，渍是影响土壤肥力的主导因素，长年涝渍引起根系缺氧及亚铁等还原性物质毒害，是冷浸田水稻生产的重要限制因素（蔡妙珍等，2002）。因此，在改良措施上必须抓住土壤水分过多这个主要矛盾，以开沟排渍为中心，这有别于旱地土壤中增加水分以提高肥料利用率（汪德水等，1995）；开沟后适宜的土壤水分条件则有利于恢复根系活力，从而促进养分吸收利用，相关研究表明，采用"田"字形明沟排水措施，土壤密度降低 11.0%，总孔隙度和通气孔隙度分别增加 6.0% 与 19.0%（董稳军等，2014），当然，对于冷浸田水分定量调控以保证水稻高产还有待深入研究。对冷浸田施肥而言，冷浸田水冷土温低，土壤有效磷、钾普遍较低，增施磷、钾肥有利于改善植株营养生长与提高产量。相关研究也表明，鄂东南低丘区冷浸田增施磷、钾肥后适宜肥料用量为 P_2O_5 90～108、K_2O 120～144kg/hm^2（徐祥玉等，2014），但这同样需要以开沟排水为前提方可更好地发挥肥效。本研究条件下，开沟排渍增产 15.4%，优化施肥增产 4.7%，而二者结合增产 19.8%，水肥耦合表现为叠加效应。上述说明通过简易的工程措施与农艺措施集成可有效促进冷浸田生产力水平的提高。

11.8　本章小结

在潜育化较轻的青泥田上单季稻试验表明，冷浸田施用高磷钾配方肥、简易开沟、简易开沟+配方肥处理三种改良模式，分别较 CK 增产4.7%、15.4%与19.8%。开沟与优化施肥效应分别增产14.9%与4.1%。上述表明，开沟排渍与优化施肥对水稻产量具有叠加效应，其提升冷浸田生产力明显。配方肥、开沟排渍与开沟+配方肥处理均不同程度提高了水稻籽粒必需氨基酸含量与总氨基酸含量，其中必需氨基酸增幅1.3%~8.3%，以 KG+PF 处理最高，高磷钾优化施肥对氨基酸品质正效应要明显高于开沟。简易开沟降低了水稻分蘖期稻田土壤的还原性物质含量，锈纹锈斑明显，土壤透气性得到一定改善，表现出脱潜特征。

参考文献

蔡妙珍，林咸永，罗安程，等.2002. 过量 Fe^{2+} 对水稻生长和某些生理性状的影响 [J]. 植物营养与肥料学报，8（1）：96-99.

董稳军，张仁陟，黄旭，等.2014. 明沟排水对冷浸田土壤理化性质及产量的影响 [J]. 灌溉排水学报，38（2）：114-116.

福建省土壤普查办公室.1991. 福建土壤 [M]. 福州：福建科学技术出版社：199-204，335-344.

穆兴民.1999. 水肥耦合效应与协同管理 [M]. 北京：中国林业出版社，18-19，38.

孙文涛，张玉龙，王思林，等.2005. 滴灌条件下水肥耦合对温室番茄产量效应的研究 [J]. 土壤通报，36（2）：202-205.

汪德水，程宪国，张美荣，等.1995. 旱地土壤中的肥水激励机制 [J]. 植物营养与肥料学报，1（1）：64-69.

徐祥玉，张敏敏，刘晔，等.2014. 磷钾调控对冷浸田水稻产量和养分吸收的影响 [J]. 植物营养与肥料学报，20（5）：1076-1083.

尹光华，刘作新，陈温福，等.2006. 水肥耦合条件下春小麦叶片的光合作用 [J]. 兰州大学学报（自然科学版），42（1）：40-43.

张凤翔，周明耀，郭文善.2006. 不同氮素水平下孕穗开花期土壤水分对冬小麦产量效应的研究 [J]. 农业工程学报，22（7）：52-55.

Gutierrez-Boem F H，Thomas G W. 1999. Phosphorus nutrition and water deficits in field-grown soybeans [J]. Plant and Soil，207（1）：87-96.

Wiedenfeld B，Enciso J. 2008. Sugarcane responses to irrigation and nitrogen in semiarid South Texas [J]. Agronomy Journal，100（3）：665-671.

12　冷浸田土壤改良剂效应

冷浸田长期渍水，具有冷、烂、锈、瘦的障碍特征。据研究，强度潜育的土壤，胶体吸水膨胀而高度分散，形成糜烂无结构土层（福建省土壤普查办公室，1991）。同时，冷浸田处于长期还原状态下，土壤微生物区系数量明显下降，使得有机质分解和养分释放大为减缓。因此有效改良土壤，提升生产力水平是冷浸田治理的重要方向。相关研究表明，在冷泉烂泥型冷浸田上采用石灰用量 1 500~2 500kg/hm² 、秸秆用量4 500kg/hm² 是较理想的配施模式，可有效降低活性还原性物质总量和 Fe^{2+} 含量，进而提高生产力水平（侯文峰等，2015）。鄂东南红壤丘陵区冷浸田施用过氧化钙可以提高土壤氧化还原电位，提高根系活力（杨利等，1997），施用过氧化钙和硅钙肥可作为改良鄱阳湖区潜育化稻田土壤的一种参考方法（余喜初等，2015）。但由于冷浸田分布面广、类型多样，对冷浸田土壤改良需结合实际土壤属性、成土环境与关键障碍因子进行。为此，基于福建省主要类型冷浸田开展改良剂种类与用量筛选，探讨在简易开沟条件下施用改良剂对水稻植株群体结构及土壤性状的影响，旨在为冷浸田轻简化改良提供依据。

不同改良剂筛选于 2014—2016 年在福建省主要类型冷浸田青泥田、锈水田、浅脚烂泥田上进行，土壤基本性质如表 12-1 所示。试验均为单季稻。各处理施氮肥135kg/hm²，$N:P_2O_5:K_2O=1:0.4:0.7$。各处理磷肥全部做基肥施用；氮钾肥基肥占 60%，分蘖肥占 40%。试验均在简易开沟基础上进行，沟深 30~40cm，宽 30~40cm，以尽可能降低地下水位。改良剂主要有无机改良剂、有机改良剂及二者组合，针对不同冷浸田类型选择不同改良剂（表 12-2）。主要有机物料改良剂养分如表 12-3 所示。改良剂在化肥基础上施用，用作基肥。

表 12-1　不同类型冷浸田土壤基本性状与供试品种

| 地点 | 冷浸田类型 | 母质 | 土体构型 | 土壤基本性状 | | | | | | 水稻品种 |
				pH	有机质(g/kg)	碱解氮(mg/kg)	有效磷(mg/kg)	有效钾(mg/kg)	质地	
闽清	青泥田	冲洪积物	$A_{(g)}$-$P_{(g)}$-G	5.4	29.8	142.9	12.6	98.0	粉砂壤	甬优 6 号
顺昌	锈水田	冲积物	$A_{(g)}$-P-G	5.3	28.6	165.2	15.4	35.8	黏土	中浙优 8 号
闽侯	浅脚烂泥田	残积物	$A_{(g)}$-G	5.1	24.1	140.9	4.9	35.9	壤土	中浙优 1 号

注：A-耕作层；P-犁底层；G-潜育层；g-因氧化还原交替而形成的锈斑纹。

表 12-2　不同类型冷浸田改良剂筛选及用量

冷浸田类型	改良剂种类与用量
青泥田	①秸秆；②鸡粪；③猪粪；④菇渣。用量均为 3 000kg/hm²
锈水田	①1 500kg 生石灰；②3 000kg 生石灰；③4 500kg 生石灰；④1 500kg 生石灰+4 500kg 有机肥；⑤3 000kg 生石灰+4 500kg 有机肥；⑥4 500kg 生石灰+4 500kg 有机肥。以上均为每公顷用量，有机肥以鸡粪为主要原料
浅脚烂泥田	①3 750kg 干牛粪；②7 500kg 干牛粪；③3 750kg 油菜籽粕；④7 500kg 油菜籽粕；⑤3 750kg 干牛粪+3 750kg 油菜籽粕。以上均为每公顷用量

表 12-3　不同有机物料养分含量

种类	有机质 （g/kg）	全氮 （g/kg）	全磷 （g/kg）	全钾 （g/kg）
秸秆	592.5	8.9	2.7	17.1
菇渣	664.7	15.7	4.9	9.0
鸡粪	426.3	16.4	7.9	11.5
猪粪	481.4	18.3	25.8	17.1
牛粪	524.4	13.2	6.2	8.2
油菜籽饼	733.0	59.0	10.8	12.9
有机肥	≥450		$N+P_2O_5+K_2O \geq 50$	

12.1　冷浸田应用改良剂水稻产量及构成因子

表 12-4 显示，青泥田化肥配施不同有机物料，水稻成熟期有效穗数均有不同程度的提高，与 CK 相比，增幅 0.4~2.9 穗/丛，其中配施猪粪的与 CK 差异显著（$P<0.05$）。增施有机物料的每穗实粒数较 CK 减少 10.6~38.6 粒/穗，但无显著差异；另增施有机肥的千粒重也较对照有增加的趋势。从产量来看，除配合秸秆还田外，配施鸡粪、猪粪与菇渣的籽粒分别增产 5.2%、6.7%、3.1%，但未达到显著水平，而配合秸秆还田的水稻秸秆产量较 CK 增产 40.7%，差异显著（$P<0.05$），其他配施有机物料处理的秸秆产量也有增加的趋势。

表 12-4　施用改良剂冷浸田水稻产量及农艺性状（闽清，青泥田）

处理	有效穗 （穗/丛）	每穗实粒数 （粒）	千粒重 （g）	籽粒产量 （kg/hm²）	秸秆产量 （kg/hm²）
不加改良剂（CK）	11.7 b	239.8 a	18.84 a	7 676 a	4 500 b
3 000kg/hm² 秸秆	13.8 ab	201.2 a	19.73 a	7 425 a	6 333 a
3 000kg/hm² 鸡粪	13.2 ab	230.7 a	18.93 a	8 076 a	6 251 ab
3 000kg/hm² 猪粪	14.6 a	222.8 a	19.45 a	8 192 a	5 501 ab
3 000kg/hm² 菇渣	12.1 b	229.2 a	19.98 a	7 917 a	4 667 ab

　　表 12-5 显示，锈水田施用生石灰或生石灰配合有机肥均不同程度提高了水稻籽粒产量，且生石灰配合有机肥的增产效果要优于单独施用生石灰的，其中以 4 500kg/hm² 生石灰+4 500kg/hm² 有机肥处理产量最高，较 CK 增产 15.9%，差异显著（$P<0.05$）；从秸秆产量来看，施用生石灰等改良剂同样提高了秸秆产量，也以 4 500kg/hm² 生石灰+4 500 kg/hm² 有机肥处理最高，较 CK 提高 14.8%，差异显著，但单独施用高量生石灰可造成产量增幅下降。从产量经济性状来看，施用生石灰或生石灰配合有机肥的有效穗数较 CK 均有不同程度增加，其中 4 500kg/hm² 生石灰+ 4 500kg/hm² 有机肥处理的有效穗数较 CK 增加 3.4 穗/丛，差异显著（$P<0.05$）；施用不同改良剂也增加了每穗实粒数，其中 3 000kg/hm² 生石灰+ 4 500kg/hm² 有机肥处理的每穗实粒数较 CK 增加 28.7 粒，差异显著（$P<0.05$）。上述说明，对锈水田而言，不同有机、无机改良剂组合以 4 500kg/hm² 生石灰+ 4 500kg/hm² 有机肥配施增产效果最为显著。

表 12-5　施用改良剂冷浸田水稻产量及农艺性状（顺昌，锈水田）

处理	有效穗（穗/丛）	每穗实粒数（粒）	千粒重（g）	籽粒产量（kg/hm²）	秸秆产量（kg/hm²）
不加改良剂（CK）	11.8 b	107.0 b	23.57 a	7 431 b	4 356 b
1 500kg/hm² 生石灰	12.7 b	110.8 b	22.57 a	8 125 ab	4 756 ab
3 000kg/hm² 生石灰	13.8 ab	112.3 b	23.30 a	8 056 ab	4 556 b
4 500kg/hm² 生石灰	15.0 a	116.0 ab	22.26 a	7 847 ab	4 422 b
1 500kg/hm² 生石灰+4 500kg/hm² 有机肥	13.8 ab	117.8 ab	22.33 a	8 125 ab	4 889 ab
3 000kg/hm² 生石灰+4 500kg/hm² 有机肥	14.0 ab	135.7 a	22.84 a	8 231 ab	5 000 ab
4 500kg/hm² 生石灰+4 500kg/hm² 有机肥	15.2 a	115.3 ab	23.01 a	8 611 a	5 600 a

注：有机肥与生石灰分开施用。

　　对浅脚烂泥田而言，表 12-6 显示，除了干牛粪 3 750kg/hm² 处理，各改良剂均不同程度地提高了水稻籽粒产量，其中以干牛粪 3 750kg/hm²+油菜籽粕 3 750kg/hm² 组合处理产量最高，较 CK 增产 19.3%，差异显著（$P<0.05$）；从秸秆产量来看，各改良剂同样有提高秸秆产量的趋势，其中也以干牛粪 3 750kg/hm²+油菜籽粕 3 750kg/hm² 处理产量最高，较 CK 增产 41.9%，增产显著（$P<0.05$）。从产量性状因子来看，施用干牛粪或油菜籽粕改良剂主要是不同程度提高了有效穗数，尤其是干牛粪 3 750kg/hm²+油菜籽粕 3 750kg/hm² 处理，达到显著差异水平。此外，田间土壤观测表明，施用牛粪与油菜籽粕复合改良剂的土壤裂缝较细，土层较疏松，土垡易碎耕性好，易耕耙。上述说明，干牛粪 3 750kg/hm²+油菜籽粕 3 750kg/hm² 可作为冷浸田开沟时结合使用的有机复合改良剂。

表 12-6　施用改良剂冷浸田水稻产量及农艺性状（闽侯，浅脚烂泥田）

处理	有效穗（穗/丛）	每穗实粒数（粒）	千粒重（g）	籽粒产量（kg/hm²）	秸秆产量（kg/hm²）
不加改良剂（CK）	12.0 b	112.8 bc	25.00 ab	8 136 bc	4 896 b
3 750kg/hm² 干牛粪	13.0 ab	96.3 c	24.05 c	7 636 c	5 103 b
7 500kg/hm² 干牛粪	14.0 ab	146.5 a	25.11 ab	8 686 b	5 261 b
3 750kg/hm² 油菜籽粕	13.4 ab	120.0 abc	25.23 a	8 720 b	5 450 b
7 500kg/hm² 油菜籽粕	13.8 ab	107.0 c	24.27 bc	8 279 bc	5 805 b
3 750kg/hm² 干牛粪 + 3 750kg/hm² 油菜籽粕	16.0a	139.8 ab	24.65 abc	9 705 a	6 946 a

12.2　冷浸田应用改良剂水稻籽粒氮磷钾养分

青泥田施用不同有机物料对水稻成熟期籽粒养分分析表明（表 12-7），配施有机物料不同程度地提高了籽粒磷、钾含量，其中籽粒磷含量提高 2.3%～6.6%，籽粒钾含量提高 1.0%～8.6%，且秸秆、鸡粪、菇渣处理的籽粒钾含量均比 CK 显著提高（$P<0.05$）。另外，鸡粪处理也有提高籽粒氮含量的趋势。

表 12-7　施用改良剂冷浸田成熟期水稻籽粒养分（闽清，青泥田）

处理	N（g/kg）	P（g/kg）	K（g/kg）
不加改良剂（CK）	13.91 a	3.04 a	1.63 c
3 000kg/hm² 秸秆	13.56 a	3.24 a	1.77 a
3 000kg/hm² 鸡粪	14.02 a	3.19 a	1.76 ab
3 000kg/hm² 猪粪	13.65 a	3.19 a	1.65 c
3 000kg/hm² 菇渣	13.47 a	3.11 a	1.71 b

表 12-8 显示，锈水田施用生石灰或生石灰与鸡粪有机肥配施有提高水稻籽粒氮、磷含量的趋势，其中 4 500kg/hm² 生石灰+4 500kg/hm² 有机肥处理的籽粒氮、磷含量增幅最为明显，与 CK 差异显著，籽粒钾含量以 1 500kg/hm² 生石灰处理最高，但与 CK 差异未达到显著水平。

表 12-8　施用改良剂冷浸田成熟期冷浸田水稻籽粒养分（顺昌，锈水田）

处理	N（g/kg）	P（g/kg）	K（g/kg）
不加改良剂（CK）	12.51 b	2.74 b	2.60 a
1 500kg/hm² 生石灰	13.73 ab	2.83 ab	2.79 a

（续表）

处理	N（g/kg）	P（g/kg）	K（g/kg）
3 000kg/hm² 生石灰	13.39 ab	2.93 ab	2.50 a
4 500kg/hm² 生石灰	13.22 b	2.99 ab	2.49 a
1 500kg/hm² 生石灰+4 500kg/hm² 有机肥	13.76 ab	2.77 ab	2.60 a
3 000kg/hm² 生石灰+4 500kg/hm² 有机肥	13.33 ab	2.76 b	2.58 a
4 500kg/hm² 生石灰+4 500kg/hm² 有机肥	14.54 a	3.06 a	2.69 a

表 12-9 显示，浅脚烂泥田施用干牛粪和油菜饼粕，在成熟期水稻籽粒氮素含量除7 500kg/hm²干牛粪处理外，较 CK 增幅 16.8%~38.8%，差异均显著（$P<0.05$），其中以单独施用油菜籽粕 7 500kg/hm²最为明显；单独施用或配施牛粪的籽粒磷含量均较CK 显著降低（$P<0.05$），但施用油菜籽粕 7 500kg/hm²处理的较 CK 显著提高（$P<0.05$）。施用改良剂的籽粒钾含量均有降低的趋势，其中 7 500kg/hm²干牛粪、3 750kg/hm²油菜籽粕、3 750kg/hm²干牛粪+3 750kg/hm²油菜籽粕处理均较 CK 显著降低（$P<0.05$）。

表 12-9 施用改良剂冷浸田成熟期水稻籽粒养分（闽侯，浅脚烂泥田）

处理	N（g/kg）	P（g/kg）	K（g/kg）
不加改良剂（CK）	12.03 c	2.58 b	3.12 a
3 750kg/hm² 干牛粪	14.05 b	2.43 c	3.02 ab
7 500kg/hm² 干牛粪	11.96 c	2.33 d	2.84 b
3 750kg/hm² 油菜籽粕	16.23 a	2.54 b	2.83 b
7 500kg/hm² 油菜籽粕	16.70 a	2.75 a	3.15 a
3 750kg/hm² 干牛粪+3 750kg/hm² 油菜籽粕	14.91 b	2.15 e	2.83 b

12.3 冷浸田应用改良剂土壤理化特性

微生物生物量碳、氮均是活性有机碳、氮的重要组成，与土壤中的碳、氮、磷、硫等养分循环密切相关。表 12-10 显示，施用不同改良剂及各用量水平均提高了锈水田土壤微生物生物量碳、氮含量，且生石灰配合有机肥的比单独施用生石灰的总体要高，其中 4 500kg/hm²（生石灰）、1 500kg/hm²（生石灰）+4 500kg/hm²（有机肥）与4 500kg/hm²（生石灰）+4 500kg/hm²（有机肥）处理的微生物生物量碳分别较 CK 提高 129.8%、97.0%与104.1%，差异均达到显著水平（$P<0.05$）；从微生物生物量氮含量来看，施用 1 500kg/hm²（生石灰）+4 500kg/hm²（有机肥）与 4 500kg/hm²（生石灰）+4 500kg/hm²（有机肥）处理的分别是 CK 的 2.2 倍与 2.1 倍，差异均显著（$P<$

0.05）。从收获后土壤 pH 值来看，施用碱性改良剂不同程度地提高了 pH 值，提高 0.2~0.8 个单位，且总体随生石灰用量增加而提高，其中 4 500kg/hm² （生石灰） + 4 500kg/hm²（有机肥）增幅最大，与 CK 差异达到显著水平（$P<0.05$）；另施用改良剂还不同程度地降低了土壤亚铁含量，其中 3 000kg/hm² 生石灰与 1 500kg/hm²（生石灰）+4 500kg/hm²（有机肥）处理分别较 CK 降低 8.2% 与 12.3%，差异显著（$P<0.05$）。说明施用碱性改良剂一定程度上可以降低锈水田还原性物质毒害。

表 12-10　不同改良剂下收获期土壤微生物生物量碳、氮（顺昌，锈水田）

处理	pH	亚铁（mg/kg）	微生物生物量碳（mg/kg）	微生物生物量氮（mg/kg）
不加改良剂（CK）	5.5 b	843.1 a	123.3 c	28.1 b
1 500kg/hm²（生石灰）	5.9 ab	776.3 ab	179.9 abc	38.6 ab
3 000kg/hm²（生石灰）	6.1 ab	774.0 b	154.8 bc	37.4 ab
4 500kg/hm²（生石灰）	6.1 ab	800.1 ab	283.3 a	50.9 ab
1 500kg/hm²（生石灰）+ 4 500kg/hm²（有机肥）	5.7 ab	739.4 b	242.9 ab	61.1 a
3 000kg/hm²（生石灰）+ 4 500kg/hm²（有机肥）	6.3 ab	780.7 ab	196.7 abc	60.0 a
4 500kg/hm²（生石灰）+ 4 500kg/hm²（有机肥）	6.5 a	774.1 ab	251.6 ab	57.5 ab

表 12-11 表明，浅脚烂泥田施用干牛粪、油菜饼粕的改良剂后，除了 3 750kg/hm² 油菜籽粕处理外，大团聚体（>2mm）比重呈下降趋势，而中团聚体（0.25~2mm）与微团聚体（<0.25mm）的比重呈上升趋势，其中以 3 750kg/hm² 干牛粪+ 3 750kg/hm² 油菜籽粕组合处理表现最为明显。同时，观测到在简易开沟排水下，施用牛粪与油菜籽粕复合改良剂的土壤裂缝较细，土层较疏松，土垡易碎耕性好，易耕耙。

表 12-11　不同改良剂下收获期土壤水稳性团聚体组成（闽侯，浅脚烂泥田）

处理	>2mm（%）	0.25~2mm（%）	<0.25mm（%）
不加改良剂（CK）	16.15±1.63	35.73±2.50	48.12±3.41
3 750kg/hm² 干牛粪	14.40±1.13	35.66±1.69	49.94±1.63
7 500kg/hm² 干牛粪	13.26±1.32	36.84±12.33	49.90±11.09
3 750kg/hm² 油菜籽粕	16.56±4.59	37.90±11.42	45.44±14.79
7 500kg/hm² 油菜籽粕	13.89±1.24	36.71±4.15	49.40±3.31
3 750kg/hm² 干牛粪+ 3 750kg/hm² 油菜籽粕	13.17±1.11	35.37±5.65	51.46±5.72

12.4　冷浸田应用改良剂改土增效机制探讨

冷浸田长期处于还原状态，土壤矿化能力差，有效养分较低，施用有机肥料一方面补充了作物需要的有效养分，这使得产量构成因子有效穗保持在较高水平；另一方面，冷浸田土壤有机质相对较高，在适当开沟条件下，新鲜有机物料的加入，可能使土壤原有机碳分解速率在短时间内发生剧烈反应，形成激发效应（Kuzyakov Y et al，2000）。Kuzyakov et al 和 Qiao 等认为激发效应与土壤养分和活性有机碳库组分变化特征密切相关（Kuzyakov Y et al，2006；Qiao Na et al，2016）。此外，冷浸田土壤还原性物质是产量的重要限制因子。无机改良剂生石灰的加入，可以固定亚铁等还原性物质、中和还原性有机酸而减缓对作物的毒害。对不同类型冷浸田而言，需针对属性、成因、关键障碍因子等筛选出合适的改良剂。如青泥田受地表排水不便引起，出现潜育化雏形特性，属潜育化较轻的冷浸田，简易开沟基础上施用有机肥主要起到供应养分与活化有机碳的目的；锈水田受地下水或泉水常年浸滞，水面表层有铁锈膜，土体亚铁、亚锰等含量高，因而通过生石灰固定，降低铁锰还原性有机酸毒害，结合施用畜禽有机肥可起到良好的改土培肥与增产效果；烂泥田受地表水串灌与地下水顶托形成，土体结构不良，一旦排水落干，土层粘韧坚硬，龟裂时裂缝很宽，再度复水则淀浆板结，成为僵块，导致水稻根系生长受阻（古汉虎等，1990；王飞等，2015），因此改良土壤结构为其主攻方向。而有机肥是土壤团粒的主要胶结物质，是影响土壤团聚体结构的最重要因素之一。本研究表明，施用干牛粪、油菜饼粕有机复合改良剂的土壤大团聚体（>2mm）比例呈总体下降趋势，而中团聚体（0.25~2mm）与微团聚体（<0.25mm）比重呈上升趋势，这与冷浸田水旱轮作的土壤团聚体变化趋势一致，可能是冷浸田长期渍水，土体糊烂，干旱后土壤坚硬板结，非正常团聚化，而有机复合改良剂的施用，逐渐促进微团聚体的形成，结合施用有机复合改良剂产量与土壤活性有机碳提升效果，暗示着土壤正向良好肥力方向演化。

12.5　本章小结

不同冷浸田类型在简易开沟条件下施用无机或有机改良剂，其水稻产量呈不同程度地增加。其中青泥田上增施鸡粪、猪粪与菇渣的籽粒产量均表现一定的增产趋势，而配合秸秆还田的水稻秸秆产量较 CK 增产 40.7%，差异显著（$P<0.05$）；锈水田施用生石灰或生石灰配合有机肥均不同程度提高了水稻籽粒产量，其中 4 500kg/hm^2（生石灰）+4 500kg/hm^2（鸡粪有机肥）处理的水稻籽粒产量与秸秆产量分别较 CK 增产 15.9%与 14.8%，增产显著（$P<0.05$）。改良剂增产主要是由于提高了水稻有效穗；浅脚烂泥田施用干牛粪、油菜籽粕（配比 1:1）的有机复合改良剂 7 500kg/hm^2，籽粒产量提高 19.3%，差异显著（$P<0.05$），该处理有效穗提升也最为明显。

对改土而言，锈水田施用不同改良剂均提高了土壤微生物生物量碳、氮含量与 pH 值，并降低了土壤亚铁含量，且生石灰配施有机肥的效果尤为明显；浅脚烂泥田在排水下，施用牛粪与油菜籽粕处理的土壤裂缝较细，土层较疏松，土垡易碎、耕性好。土壤团聚体组成揭示大团聚体（>2mm）比重呈总体下降趋势，而中团聚体（0.25~2mm）

与微团聚体（<0.25mm）比重呈上升趋势，达到改良土壤结构的效果。

对籽粒养分而言，青泥田配施不同有机物料均不同程度地提高了水稻籽粒磷、钾含量，其中增施秸秆、鸡粪或菇渣的籽粒钾含量均比单施化肥有显著提高；锈水田施用生石灰或生石灰与有机肥配施也有提高水稻籽粒氮、磷含量的趋势，其中以 4 500kg/hm^2 生石灰+4 500kg/hm^2 有机肥处理效果最为明显。

参考文献

福建省土壤普查办公室.1991.福建土壤［M］.福州：福建省科学技术出版社.

龚子同，张效朴，韦启璠.1990.我国潜育性水稻土的形成、特性及增产潜力［J］.中国农业科学，23（1）：45-53.

古汉虎，彭佩钦，张满堂.1990.平原湖区潜育化水稻土综合治理的探讨［J］.农业现代化研究，11（6）：50-53.

侯文峰，李小坤，王思潮，等.2015.石灰与秸秆配施对冷浸田水稻产量与土壤特性的影响［J］.华中农业大学学报，34（5）：58-62.

杨利，姚其华，范先鹏，等.1997.鄂东南棕红壤丘陵区冷浸田施用过氧化钙效果［J］.湖北农业科学，（4）：37-39.

余喜初，李大明，黄庆海，等.2015.过氧化钙及硅钙肥改良潜育化稻田土壤的效果研究［J］.植物营养与肥料学报，21（1）：138-146.

Kuzyakov Y, Bol R. 2006. Sources and mechanisms of priming effect induced in two grassland soils amended with slurry and sugar［J］. Soil Biology and Biochemistry, 38 (4)：747-758.

Kuzyakov Y, Friedel J K, Stahr K. 2000. Review of mechanisms and quantification of priming effects［J］. Soil Biology and Biochemistry, 32 (11)：1485-1498.

Qiao N, Xu X L, Hu Y H, et al. 2016. Carbon and nitrogen additions induce distinct priming effects along an organic-matter decay continuum［J］. Scientific Reports, 6；19865.

13 冷浸田抗逆水稻品种筛选

冷浸田土壤水温、土温低，土壤微生物总量低且活性弱，有机质矿化慢，土壤有效磷、钾养分缺乏，有效养分供应不足是冷浸田的主要障碍因子之一。水稻对土壤磷、钾的吸收及利用效率存在着基因型差异，筛选出适应冷浸田条件下的耐低磷、钾水稻品种，可成为提高冷浸田水稻产量有效手段之一。项目组应用前期水培试验，依据以稻谷产量计算的相对耐性指标对近 80 个水稻品种进行排序初筛，选出多个耐低磷、低钾品种，对这些初筛品种在冷浸田中进行田间生长观察，以期筛选出适应冷浸田栽培的耐低磷钾水稻品种。

针对冷浸田磷钾养分均缺乏的特点，试验在前期水培试验初筛出的耐低磷、钾品种中挑选择耐低磷、低钾特性均较明显的 5 个水稻品种，以及当地近年广泛种植的品种 3 个（见表 13-1），共 8 个品种开展试验。试验于 2012 年 6 月 5 日播种，6 月 30 日插秧。试验地位于顺昌县郑坊乡，选择有效磷、钾较低的冷浸田（土壤有效磷 3.8mg/kg，有效钾 12.7mg/kg），试验采用裂区处理方法，设 4 个施肥主处理，分别为 T1（不施磷钾肥，即单施氮肥）、T2（不施磷肥，即施氮钾肥）；T3（不施钾肥，即施氮磷肥）；T4（对照区，即施氮磷钾肥）。氮磷钾施肥量为：N 150kg/hm² （氮肥用尿素），P_2O_5 90kg/hm²（磷肥用磷铵），K_2O 135kg/hm²（钾肥用氯化钾），氮、钾肥按基追肥各半施用，磷肥全部做基肥施用。主处理小区面积 30m²，小区以塑料薄膜覆盖的田埂相隔。副处理为不同水稻品种，每个主处理小区按顺序栽插 8 个水稻品种。

性状调查与测定：分蘖盛期调查分蘖数、茎叶重。收获期调查有效穗、结实率、千粒重、籽粒产量、稻草产量等。

数据分析：各指标性状的耐低磷低钾系数采用 Bouslama 的方法计算：指标性状的耐性系数 =（缺素胁迫处理性状值/非胁迫处理性状值）

13.1 水稻耐低磷、钾相关性状的耐性系数

研究表明，冷浸田条件下，低磷或低钾胁迫对水稻农艺性状及产量均有不同的影响。指标性状的耐性系数则反映不同水稻品种某一性状对胁迫的敏感程度。根据分蘖期和收获期调查测试的性状指标值分别计算出各性状的耐低磷系数和耐低钾系数（表 13-1）。从中可以看出，在低磷和低钾胁迫下，绝大多数性状指标均较非胁迫处理有不同程度的下降，其中穗粒数、结实率、千粒重等性状均有上升的趋势，结果与以往有所不同。缺磷胁迫的株高、有效穗、籽粒产量及分蘖盛期的茎叶重和分蘖数均明显下降，可见在试验条件下的缺磷胁迫对水稻生长影响显著。与缺磷胁迫相比，缺钾胁迫的耐性系数均明显低于缺磷胁迫，这可能与中稻种植期 6—10 月气温较高促进土壤磷库释放，但

土壤有效钾含量较低有关。在试验条件下，缺钾胁迫水稻在分蘖期的茎叶干重及成熟期的株高、有效穗和籽粒产量均显著降低。

表 13-1　水稻耐低磷、耐低钾相关性状的耐性系数

| 处理 | 品种 | 分蘖期 | | 成熟期 | | | | | | |
		茎叶重	分蘖数	株高	有效穗	穗粒数	结实率	千粒重	籽粒产量	稻草产量
低磷胁迫	扬两优 2	0.856	0.878	1.008	0.865	1.150	0.997	1.228	0.950	0.901
	Ⅱ优 1066	0.978	0.946	1.027	0.764	1.215	1.048	1.036	0.947	0.893
	Ⅱ优 1067	0.834	0.829	0.638	0.833	1.099	0.923	1.203	0.879	0.766
	Ⅱ优 494	1.061	0.971	0.643	1.027	0.857	1.024	0.984	1.000	0.876
	宜优 673	0.686	0.975	0.637	0.815	0.913	0.947	1.029	0.937	1.122
	甬优 9 号	1.017	0.857	0.322	0.896	0.860	1.024	1.007	0.989	0.920
	中浙优 1 号	1.062	1.000	0.679	0.967	1.041	1.008	1.043	1.041	1.005
	川优 673	0.874	1.000	0.989	0.755	1.097	1.052	0.908	0.901	0.785
	均值	0.921	0.932	0.743	0.865	1.029	1.003	1.055	0.956	0.909
低钾胁迫	扬两优 2	0.736	0.829	0.972	0.891	0.875	0.998	1.118	0.887	0.936
	Ⅱ优 1066	0.747	1.054	0.649	0.811	0.944	1.044	1.005	0.854	1.018
	Ⅱ优 1067	0.729	0.878	0.923	0.754	1.052	0.991	0.986	0.732	0.628
	Ⅱ优 494	0.788	1.000	0.476	1.081	0.732	1.039	0.982	0.910	0.922
	宜优 673	0.790	1.050	0.972	0.818	0.918	0.952	1.037	0.842	1.062
	甬优 9 号	0.854	1.000	0.910	0.713	0.969	1.082	1.018	0.926	0.726
	中浙优 1 号	0.812	0.923	0.615	0.894	0.957	1.029	1.055	0.959	0.793
	川优 673	0.863	0.969	0.856	0.628	1.220	0.981	0.968	0.790	0.634
	均值	0.790	0.963	0.797	0.824	0.958	1.015	1.021	0.863	0.840

13.2　低磷、低钾胁迫条件下水稻各性状耐性系数的统计分析

（1）耐性系数的相关分析

经济产量和生物学产量是水稻在整个生育期内各因子综合作用的结果，二者是作物养分效率基因型差异的最终表现和综合性指标。水稻以收获籽粒为目的，经济学产量即为籽粒产量，是评价不同水稻品种对低磷、低钾胁迫的重要指标。表 13-2 表明，分蘖期茎叶干重、成熟期有效穗及成熟期稻草产量等指标的耐性系数与籽粒产量耐性系数相关性最强，且均为正相关。而成熟期株高与籽粒产量的耐性系数具有较强的负相关。水稻分蘖能力强弱是决定水稻产量的重要因素，但试验结果的分蘖数与籽粒产量耐性系数的相关系数仅为 0.008。即便与籽粒产量耐性系数呈显著相关的分蘖期茎叶干重、成熟期有效穗等耐性指标，具体到单个水稻品种，其籽粒产量耐性系数高而其他的耐性系数未必也高，因此，难以用单个耐性系数指标来直接判断其耐低磷、钾的能力。

表 13-2　水稻不同性状耐性指标间的相关系数

水稻性状	茎叶重	分蘖数	株高	有效穗	籽粒产量	稻草产量
茎叶重	1.000	0.000	-0.197	0.283	0.671**	-0.020
分蘖数	0.000	1.000	0.046	-0.046	0.008	0.317
株 高	-0.197	0.046	1.000	-0.558*	-0.379	-0.235
有效穗	0.283	-0.046	-0.558*	1.000	0.581*	0.458
籽粒产量	0.671**	0.008	-0.379	0.581*	1.000	0.463
稻草产量	-0.020	0.317	-0.235	0.458	0.463	1.000

（2）耐性系数的主成分分析

尽管单一耐性指标可提供一些重要信息，但也仅能反映其中部分信息，而无法涵盖全部或体现整体耐性能力，因而采用单个耐性指标作为水稻耐性指标，具有片面性。为此采用主成分分析方法可避免上述不足，利用试验获得全部耐性指标来评价水稻低磷、低钾耐性能力。

主成分分析以各水稻品种低磷、低钾胁迫相关性状的耐性系数为基础，利用 spss 统计软件开展各主成分的特征向量和贡献率分析（表 13-3、表 13-4）。从中可以看出，低磷、低钾胁迫相关性状的耐性系数主成分分析特征值中提取的 3 个主成分的累积贡献率超过 85%。理论上 85% 以上的累积贡献率即可认为所提取的主成分已经代表了绝大多数的原始信息。提取的主成分特征向量表明，决定第一主成分大小的指标为有效穗、籽粒产量等，均属于产量性状，因此可以称为"产量因子"。而低磷胁迫的"产量因子"还包含茎叶重量，低钾胁迫的"产量因子"还包含株高和稻草产量等耐性系数。

表 13-3　低磷胁迫各性状耐性系数主成分特征向量及贡献率

指标	因子 1	因子 2	因子 3
茎叶重	0.727	-0.296	0.567
分蘖数	0.268	0.828	0.335
株高	-0.533	0.433	0.629
有效穗	0.883	-0.222	0.012
籽粒产量	0.958	0.160	0.075
稻草产量	0.412	0.646	-0.605
特征值	2.753	1.453	1.201
贡献率%	45.879	24.224	20.023
累积贡献率%	45.879	70.104	90.127

表 13-4　低钾胁迫各性状耐性系数主成分特征向量及贡献率

指标	因子 1	因子 2	因子 3
茎叶重	-0.179	0.934	-0.195
分蘖数	0.348	0.628	0.657
株高	-0.743	-0.215	0.289
有效穗	0.871	-0.336	-0.233
籽粒产量	0.698	0.336	-0.374
稻草产量	0.725	-0.212	0.571
特征值	2.476	1.582	1.073
贡献率%	41.270	26.375	17.890
累积贡献率%	41.270	67.645	85.534

13.3　水稻品种低磷、低钾耐性综合评判

表 13-3、表 13-4 表明,第一主成分"产量因子"的贡献率均已超过 40%,产量是评价水稻品种耐低磷、钾胁迫的重要指标之一,因此,我们将各水稻品种的相关性状的耐性系数用"极差法"获得相关性状耐性系数的标准化值,以第一主成分的特征值作为各指标的权重与耐性系数的标准化值相乘,分品种将各指标值求和后即得到综合耐性系数值。表 13-5 表明,中浙优 1 号、Ⅱ优 494、甬优 9 号等品种具有较高的综合耐性系数,这些品种对低磷胁迫的耐性较强,而Ⅱ优 1067、川优 673 等品种综合耐性系数最低,这些品种对低磷胁迫敏感。表 13-6 表明,Ⅱ优 494、Ⅱ优 1066 和中浙优 1 号等品种的综合耐性系数较高,这些品种对低钾胁迫耐性较强。

表 13-5　不同水稻品种低磷胁迫耐性综合耐性系数

品种	综合耐性系数	位次	籽粒产量耐性系数	位次
中浙优 1 号	1.596	1	1.041	1
Ⅱ优 494	1.465	2	1	2
甬优 9 号	1.188	3	0.989	3
宜优 673	0.567	4	0.937	6
扬两优 2 号	0.494	5	0.95	4
Ⅱ优 1066	0.478	6	0.947	5
Ⅱ优 1067	0.181	7	0.879	8
川优 673	0.168	8	0.901	7

表 13-6　不同水稻品种低钾胁迫耐性综合耐性系数

品种	综合耐性系数	位次	籽粒产量耐性系数	位次
Ⅱ优494	1.332	1	0.91	3
Ⅱ优1066	0.918	2	0.854	5
中浙优1号	0.834	3	0.959	1
扬两优2号	0.473	5	0.887	4
宜优673	0.602	4	0.842	6
甬优9号	0.236	6	0.926	2
川优673	−0.218	7	0.79	7
Ⅱ优1067	−0.223	8	0.732	8

表 13-5、表 13-6 可以看出，应用主成分分析法获得的综合耐性系数与籽粒产量耐性系数的评判结果相类似，应用主成分分析法进行耐低磷、低钾水稻品种筛选具有可行性。且主成分分析法综合了分蘖期茎叶产量、分蘖数、有效穗等多个性状信息，避免了以单一指标进行评判的缺点。试验表明，中浙优1号和Ⅱ优494对低磷、低钾胁迫均具较强耐性，田间性状观察也表明，中浙优1号在所有处理中均表现出优良的性状。

13.4　本章小结

在田间条件下，经对 8 个水稻品种进行全生育期多性状观测，采用主成分分析法对水稻分蘖期茎叶产量、分蘖数、有效穗和籽粒产量等性状的耐性系数进行主成分提取，以第一主成分特征参数为权重系数，计算出不同水稻品种综合耐性系数，筛选出中浙优1号、Ⅱ优494和甬优9号3个耐低磷能力较强的水稻品种，筛选出Ⅱ优494、Ⅱ优1066和中浙优1号耐低钾能力较强的水稻品种，其中中浙优1号和Ⅱ优494对低磷、低钾土壤均具有较强的耐性。

14 冷浸田改良利用集成技术模式

随着生态文明建设的推进，人们对冷浸田生态功能的认识逐渐加深，对冷浸田治理与利用有了新的实践和创新，树立了大粮食与绿色发展的理念。本研究结合农业结构调整，水资源合理利用，因地制宜地应用工程技术、农业技术与生物技术，集成建立适宜区域农业发展的模式。

14.1 盆谷地低洼区冷浸田渍害治理与水稻高产高效生产模式

对象：有一定水利基础的冷浸田

建设目标：建设高标准农田、作物高产高效

配套技术：工程技术（明沟暗管）+高产抗逆品种+耕作轮作（包括再生稻）+增磷增钾+土壤改良剂等

示范地点：顺昌县双溪镇溪兰村

冷浸田类型：锈水田。土壤基本性状：pH 值 5.1、有机质 38.7g/kg、碱解氮 147.4mg/kg、有效磷 7.2mg/kg、有效钾 63.1mg/kg。

主要技术与成效：根据山垅冷浸田土壤及自然条件，依托专业合作社，选用耐渍品种（中浙优 1 号）、通过采用开沟排水（主沟宽 50cm，深 70～80cm；环沟宽 30cm，深 30cm）、垄畦直播、增施磷、钾肥（每 666.7m² 增施 P_2O_5 1.8kg、K_2O 2.4kg）、施用壳灰（50kg/666.7m²）等改良集成技术，平均每 666.7m² 产稻谷 635.4kg，较常规种植的产量提高 60.2%（表 14-1、表 14-2）。示范面积：20hm²。

表 14-1 冷浸田不同种植模式水稻产量

| 种植模式 | 田丘号（kg/15m²） | | 平均 | 折 666.7m² | 增产 |
	1	2	（kg）	产（kg）	（±%）
常规种植	8.93	8.91	8.92	396.5	—
冷浸田治理集成技术	14.64	13.95	14.30	635.4	60.2

表 14-2 冷浸田不同种植模式耕层土壤氧化还原电位 （mV）

| 种植模式 | 田丘号 | | 平均 | 较对照（±mV） |
	1	2		
常规种植	66.2	85.4	75.8	—
治理集成技术	104.7	115.1	109.9	34.1

126

此外，冷浸田发展再生稻种植可有效解决福建冷浸田种植双季稻热量不足而种植单季稻热量有余的问题，实现"一种两收"。示范地点为尤溪县西滨镇彭坑村，土壤类型为浅脚烂泥田，示范面积 20hm²。利用增磷增钾养分管理技术，再生稻头季每 666.7m² 产 629.6kg，再生季每 666.7m² 产 311.1kg，全年每 666.7m² 产量可达 940.7kg；与单季稻常规种植模式相比，每 666.7m² 产量增加 390.7kg，增产达 71.0%，因此冷浸田发展再生稻种植有利于显著提高粮食综合生产力。

14.2　丘陵山区冷浸田优质稻米（绿色、有机）生产模式

对　　象：农田基础设施较差，排水条件薄弱、自然环境优越的冷浸田

建设目标：优质大米、种养结合

配套技术：简易开沟+适生品种+生态防控（稻鸭、诱虫灯）+磷钾养分平衡+垄畦栽培等技术

示范地点：沙县南霞、沙县夏茂、尤溪西滨、闽清东桥

主要技术与成效：一方面，闽西北冷浸田地下水位高、水温低，产量相对较低，但另一方面，闽北冷浸田多分布偏远山区，环境条件优越，充分利用有利自然条件开发生态高值大米是利用方向之一。通过基地选择，简易开沟、适生品种、认证的有机无机复混肥/有机肥、稻田养鸭、诱虫灯、秸秆还田、增施磷肥等，实现种植过程绿色或有机化管理等技术，在沙县南霞、尤溪西滨等开展了优质稻米种植试验示范，充分挖掘了冷浸田生产潜力与生态潜力。

以闽清东桥为例（示范面积 3.3hm²）：根据丘陵山区优越的自然条件，选用优质品种（甬优 15）通过稻田养鸭（每 666.7m² 放养 13~15 只）、简易开沟排水（沟宽30cm，深 30cm）、增施磷钾肥（每 666.7m² 增施 P₂O₅ 1.8kg、K₂O 3.6kg）、施用石灰（每 666.7m² 施 35kg）作为改良剂等集成技术，平均每 666.7m² 产稻谷 556.8kg，较常规种植管理提高 38.30%。通过稻田养鸭、增施磷钾肥、种植绿肥等措施，减少了稻飞虱的虫口密度、降低了纹枯病的发病率。

14.3　冷浸田水生作物生态高值生产模式

对　　象：农田设施差，排渍不良，种植作物有区域特色的冷浸田

建设目标：提高经济效益与生态效益

配套技术：发展莲藕（籽）、茭白等水生作物，推广发展稻—萍—鱼或稻—鱼等模式，集成作物施肥、水分管理、病虫害管理等技术。

（1）冷浸田茭白或茭白—芋头利用模式

根据当地冷浸田土壤及自然条件，结合槟榔芋、茭白生物学特性，提出槟榔芋—茭白轮作模式及其种植技术规范。示范地点为闽清县梅溪镇樟洋村，示范面积 40hm²。冷浸田种植槟榔芋每 666.7m² 产值可达 11 247.5 元，种植茭白每 666.7m² 产值可达5 850.0 元，与种植单季水稻相比，其经济效益分别为 14.3 倍和 7.5 倍（表 14-3）。因此冷浸田发展槟榔芋—茭白轮作模式能够显著提高冷浸田种植效益，有利于实现生态高值利用。

表 14-3　不同种植模式产量与产值对比

种植模式	产量 （kg/666.7m²）	产值 （元/666.7m²）	种植成本 （元/666.7m²）	效益 （元/666.7m²）
单季稻	450.0	1 400.0	810.0	590.0
槟榔芋	2 045.0	11 247.5	2 800.0	8 447.5
茭白	1 950.0	5 850.0	1 400.0	4 450.0

（2）冷浸田莲籽高效利用模式

利用青泥田与浅脚烂泥田种植莲子，在建宁青泥田与浅脚烂泥田上种植莲子，较水稻单作增加效益 2 255元/666.7m²（表 14-4），增幅 2.2 倍，说明在冷浸田上种植莲子模式较种植水稻更为高效，可达到生态高值利用的效果。

表 14-4　不同种植模式经济效益比较

种植模式	产量 （kg）	产值 （元）	种本 （元）	肥本 （元）	农药 （元）	农事务工 （元）	经济效益 （元）
水稻	595.35	1 429	32	30	20	300	1 047
莲子	62.89	4 402	180	250	20	650	3 302

注：面积为 666.7m²。

效益计算说明如下。

①农产品价格：水稻每千克 2.4 元，莲子每千克 70.0 元计。

②种本：水稻 0.5kg，计 32元；莲子 120 芽，计 180 元。

③肥本：水稻底肥碳铵 50kg，计 30 元；莲子施肥 5 次，计 250 元。

④农药：水稻 20 元；莲子施用生石灰 25kg 加农药：20 元。

⑤农事务工：水稻插秧收割 300 元；莲子用工量大但用工强度较小 650 元。

15 冷浸田改良与可持续利用策略

我国人多地少。随着城镇化、工业化进程的加快，我国耕地面积在刚性减少，人地矛盾将进一步加剧。受到土地资源的约束，当前依靠增加耕地面积来提高粮食总产的目标已不现实，但通过提高粮食单产来提高粮食总产仍有较大潜力。耕地质量是影响粮食单产水平的重要因素，是良种、良法水平潜力发挥的基础。然而，我国单位面积耕地的产量差异大，约40%的耕地为中产田，30%的耕地为低产田，其中低产田产量低，且存在障碍因子，改良难度大，在很大程度上制约了我国粮食持续增产（曾希柏等，2014）。江南冷浸田属典型的一类低产田，其分布广泛、零散度高，但因其增产潜力巨大、自然生态条件优越而日益受到关注。

15.1 江南冷浸田主要障碍因子

15.1.1 物理障碍因子

冷浸田常年渍水，与灰泥田地下水位变化不同，一是地下水位高，二是地下水位波动平缓，不如潜育性水稻田如灰泥田地下水位波动频繁而呈现明显的潜育层（王飞等，2014）。冷浸田类型中的冷水田因其具有较低的土温也易引起植株生长障碍。据观测，山坞谷底6—10月水稻生育期日照总时数612.3h，比洋面田少217.6h，光照减少26.2%，泉口冷水田水温、土温分别比洋面田低4.5~8.2℃和4.9~8.7℃（黄兆强等，1996）。对相似地形发育的冷浸田与非冷浸田监测表明，冷浸田单季稻生育期（6—10月）平均地表温度、5cm地温、10cm地温、15cm地温分别比灰泥田低0.4℃、0.4℃、0.5℃、0.6℃，尤其是9—10月的抽穗灌浆期地温与灰泥田差异进一步加大。因而山坞冷浸田地下水位高并伴随强还原性、较低的光合有效辐射与水稻生育后期地温下降较快是区别于非冷浸田的重要生境特征。为此提高环境土温是冷浸田治理利用的一个切入点。

土壤结构是维持土壤功能的基础。冷浸田土体处于水饱和状态，高强度潜育的土壤，胶体吸水膨胀而高度失散，形成糜烂无结构土层，如福建的深脚烂泥田类型，烂泥层厚度超过30cm，有的可达100cm（福建省土壤普查办公室，1991）；而一旦冷浸田在短时间内排水落干，土层黏韧坚硬，龟裂时裂缝很宽，再度复水则淀浆板结，成为僵块，导致水稻根系生长受阻、产量降低（龚子同等，1990）。从机制而言，由于常年渍水，土壤金属氧化物长期处于还原状态，其不能作为胶结剂作用于土壤团聚体而导致土体糜烂（张志毅等，2015）；冷浸田土体糊烂无结构，土壤常处于"发浆"状态，导致其浸水容重较低（王飞等，2015）。另外，由于冷浸田土壤在风干过程中，皱缩明显，可能呈现非正常团聚化，这为土壤团聚体研究造成了困难，也有探讨直接利用新鲜土样对冷浸田土壤团聚体结构进行分析（张敏敏等，2015）。

15.1.2 化学障碍因子

还原性物质是冷浸田土壤的重要特征。据江南 7 省份调查，冷浸田土壤亚铁平均含量为 1 437.08mg/kg，高产田亚铁平均含量为 814.38mg/kg。冷浸田亚铁含量明显高于高产田（柴娟娟等，2012）。福建典型冷浸田亚铁平均含量较非冷浸田（灰泥田、黄泥田）提高 177%（王飞等，2015）。陈娜等研究表明，土壤对水稻生长和微生物活性的亚铁毒胁迫临界浓度为 300mg/kg（含本底）（陈娜等，2014）。高浓度的 Fe^{2+} 胁迫明显抑制水稻地上部和根系的生长、降低下位叶片叶绿素含量。当介质中 Fe^{2+} 浓度过高时，水稻植株体内过氧化物酶（POD）、过氧化氢酶（CAT）和硝酸还原酶（NR）活性明显受抑制，然而低浓度 Fe^{2+} 胁迫时，上述酶活性反而提高。这可能是水稻抵御亚铁毒害的一种适应性机制（蔡妙珍等，2002）。过量 Fe 胁迫也抑制了水稻地上部和根系生长及 N、P、Mg 的吸收，促进了 Cu 的吸收。同时 Fe 胁迫也抑制了 P、K、Mg 和 Zn 等有效养分在根系与地上部间的分配，破坏了养分的分配平衡，加剧了铁毒的发生（蔡妙珍等，2003）。此外，Fe^{2+} 对水稻生理活性的影响主要表现在分蘖期和抽穗期，尤其是水稻分蘖期的叶片和根系更容易受到 Fe^{2+} 的伤害（陈正刚等，2014）。除了亚铁、亚锰等还原性矿物，冷浸田的还原性有机酸主要有甲酸、乙酸，其对籽粒产量的障碍贡献要高于亚铁而低于亚锰（何春梅等，2015）。冷浸田土壤还原状态下的硫（1 353.01mg/kg）要远远超过高产水稻田土壤还原态硫的含量（380.68mg/kg）（柴娟娟等，2012），导致土壤中 S^{2-} 形成毒害性的硫化氢，一部分溢出土壤，一部分溶在土壤和水土中（林海波等，2014）。谢晓梅等研究表明，S^{2-} 浓度 40mg/kg（含本底）为导致土壤—水稻—土壤微生物系统受到显著负效应的临界值，当供试土壤 S^{2-} 含量超出该浓度时，需采取合理的农艺措施控制其负效应（谢晓梅等，2015），但相对亚铁毒害而言，冷浸田硫化氢对水稻生理毒害方面的研究甚少。

冷浸田土壤有效磷、有效钾含量显著低于非冷浸田土壤，并由此导致水稻赤枯病的发生（林增泉等，1986）。向万胜等对土壤磷素的组分研究表明，地下水位的变化能明显影响土壤养分的有效性，随着地下水位的升高，土壤有效氮和磷含量下降（向万胜等，2002）。渍潜田土壤 Fe-P 和 O-P 含量也有随地下水位的升高而下降的趋势，其含量亦显著低于非渍潜田土壤，因而导致土壤磷素有效性的下降。冷浸田土壤磷有效性低还表现在土壤对磷的吸附能力较强。研究表明，长期处于淹水状态的稻—稻—冬泡土壤对磷的吸持容量显著大于稻—稻—冬绿和稻—稻—冬油处理，施用有机肥和高地下水位处理也明显增强土壤对磷的吸持容量（张杨珠等，1998），这可能意味着轮作有利于提高磷肥有效性，而施有机肥与高地下水位降低了磷肥的有效性。冷浸田土壤有效养分较低还表现在中微量元素层面。研究结果表明，红壤丘岗区潜育性稻田中的冷浸和烂泥田土壤有效硫含量相对较低，这两种类型潜育田存在潜在性缺硫问题，故应注意硫肥的施用。潜育田土壤有效硅亦普遍低于非潜育田，因而极有可能发生缺硅（向万胜等，2002）。

有机质是评价土壤肥力的一个重要指标。高有机质含量通常被认为是生产力较高的土壤，但冷浸田有别于此。冷浸田土壤有机质含量高，而表征活性有机碳的微生物生物量碳、可溶性有机碳含量明显低于非冷浸田（王飞等，2015；王飞等，2014）。由此可见，对冷浸田而言，用活性有机碳组分来评价土壤肥力更能反映土壤质量与改良利用效果。对冷浸田土壤腐殖质组成的研究还表明，潜育性水稻土的腐殖质多以质量较差的紧结合态为主，而潴育性水稻土则多以质量较好的松结合态和稳结合态为主；潜育性水稻土中有机质的 C/N 比多在 12 以上，也较潴育性水稻土宽（龚子同等，1990）。因而活化冷浸田有机质是冷浸田改良的一个途径。

15.1.3 生物障碍因子

伴随着土壤还原性物质的增加，冷浸田土壤微生物也显示独特的性质。据测定，冷浸田土壤的细菌、放线菌和真菌数量明显比一般稻田少，特别是土壤中好气性微生物的生理群减少，自生固氮菌和纤维分解菌活性弱，氨化强度低。因而使土壤有机质积累大于矿化（林增泉等，1980），且与细菌相比，冷浸田土壤真菌和放线菌更易受到土壤理化因子的影响（邱珊莲等，2012）。对土壤酶活性而言，研究表明潜育性水稻土脲酶的活性小于非潜育性水稻土，而多酚氧化酶和铁还原酶的活性则相反（鲁小春等，1985）。对福建省典型冷浸田与同一微地貌单元内非冷浸田表层土壤的分析结果表明，与非冷浸田相比，冷浸田土壤总有机质高 31.7%，过氧化氢酶和转化酶分别高 58.3% 和 22.1%，磷酸酶、硝酸还原酶分别降低 47.8% 和 66.6%，微生物区系数量降低 29.8%~46.0%（王飞等，2015）。土壤线虫的群落组成与生态指数一定程度上可反映土壤的健康状况。对江南 8 省份冷浸田土壤线虫调查表明，冷浸田土壤密度为 344 条/100g（干土），为非冷浸田土壤线虫密度的 48.04%（邓绍欢等，2015）。这从动物角度显示出冷浸田土壤的健康变化。

15.1.4 冷浸田诊断与质量评价

按照诊断分类学的观点，潜育层是冷浸田的诊断层，通常表现青灰色，剖面构型为 A_g-G、A-G 或 A-（A_p）-G 型（吕豪豪等，2015）。基于冷浸田独特的土壤物理、化学与生物学性质，熊明彪等研究认为，活性还原物质、亚铁、Eh、地下水位、土色、土质及氧化铁的活化度、游离度、潜育度可作为潜育化土壤的诊断指标（熊明彪等，2002）；通过主成分分析并结合相关分析模型和专家经验法可建立包括 C/N、细菌、微生物生物量氮、还原性物质总量、物理性砂粒和全磷 6 项因子的福建山区冷浸田土壤质量评价因子最小数据集（王飞等，2015）。也有研究表明，亚热带地区潜育化水稻土（冷浸田）土壤质量评价的最小数据集为有效钾、全氮、微生物生物量碳、总细菌、β-葡萄苷酶和菌根真菌，在此基础上得到的土壤质量指数与水稻产量显著正相关（Liu Z J et al，2015）。由于其上述评价因子涵盖了冷浸田土壤物理、化学与生物指标，可以用于评价冷浸田农田管理措施效果的好坏，也可预警土壤潜育化，但也显示出不同区域尺度的冷浸田由于土壤性质与利用方式不同而可能导致质量评价因子选择存在差异。另外，由于土壤微生物对冷浸田土壤质量变化较为敏感，基于其评价因子指标的分等定级尚无科学标准。此外，将冷浸田质量评价结果与地理信息系统（GIS）技术相结合，以落实到具体地块从而指导改良生产也是今后冷浸田质量评价的方向。

15.2 江南冷浸田改良利用措施

冷浸田增产潜力巨大，据测算，通过综合措施，每 666.7m² 稻田每年可增产稻谷 100kg，全国 400 万 hm² 稻田可增产稻谷 600 万 t（龚子同等，1990）。综合冷浸田治理利用经验，可以从工程措施、农艺措施、生物措施等方面进行综合攻关。

15.2.1 工程措施

开沟与埋暗管排水是冷浸田治理的根本措施。工程排水可以显著降低土壤还原物质总量，提高土壤阳离子交换量、有效磷、土壤全氮含量（李大明等，2015）。实践证明，开"四沟"（截洪沟、排泉沟、排水沟、灌溉沟）、排"四水"（即山洪水、冷泉水、毒锈水、串灌水）能起到洪水不进田、肥水不出田、冷泉引出田、毒质排出田的明显效果（福建省土壤普查办公室，1991；朱鹤健等，1978）；皖南山区通过开沟降潜，地下水位埋深由 38cm 降至 56cm，19～43cm 土层中，锈纹锈斑增加，土壤养分状况明显改善（吴新德等，1996）；浙江庆元县采用多孔塑料波纹暗管排水改造山区冷浸田，耕层土壤降渍，水、土温度升高，理化性状得到改善。单季杂交稻产量比未改造对照增产 47.3%，纯利收回改造成本的 37.4%（陈士平等，2000）；福建山区冷浸田采用石砌深窄沟工程改造冷浸田，取得明显成效。据测定，采用石砌深窄沟排水工程后第 3 年，能有效降低 30～50cm 地下水位的效果（林增泉等，1986）。这些深窄沟经过 30 年的连续排水，仍然发挥重要作用，据测定，距沟 75m（CK）、25m、15m、5m 的冷浸田的土壤类型逐渐呈现由深脚烂泥田→浅脚烂泥田→青泥田→青底灰泥田的方向演变，且距沟越近，耕层土壤还原性物质则越低，而碱解氮、有效磷与有效钾含量则越高，脲酶、酸性磷酸酶与硝酸还原酶活性也越高（林诚等，2014；王飞等，2015）。同时，结果还表明距排水沟不同距离处的真菌数量具有显著性差异，距排水沟 25m 处的细菌多样性最高，距 5m 处真菌多样性最高。特定生境下的冷浸田土壤微生物多样性演化差异明显。TGGE 指纹图谱表明，随着离沟距离的增加，表征细菌的某些类群的 TGGE 条带逐渐减弱，表示好氧菌在逐渐减少，而表征厌氧菌的条带逐渐增强，表明距沟 75m 处的细菌属于厌氧和微好氧细菌。而离排水沟最近的采样点真菌条带最丰富，但随后急剧减少或者亮度急剧减弱，表明排水对真菌的影响比较大（Qiu S L et al，2013）。此外，湿地农田采取开"三沟"（主沟、支沟和厢沟）配套排水，能加速排除田间渍水，降低地下水位，改善土壤通透性，增加土壤养分，促进水稻生长发育，增加稻谷产量（古汉虎等，1997）。工程措施虽可治本，但对于偏远山区，在缺乏资金投入情况和加速提升冷浸田改造质量情况下，应该重视农艺措施与生物措施的应用。

15.2.2 农艺措施

增施磷、钾肥是提高冷浸田生产力的关键措施。潜育化土壤施用磷肥的效果极为明显，增产率可达 8%～20%（向万胜等，2000）。施用钾肥能明显改善低湖田潜育化土壤的氧化还原性状，土壤还原物质总量、活性还原物质含量及 Fe^{2+} 含量均比对照明显降低，因而减轻了土壤中亚铁等还原性物质对水稻的毒害，水稻产量提高（向万胜等，1997）。李清华等研究表明，施钾肥能促进植株体内钾的吸收和抑制根系对铁的累积，在水稻分蘖期、孕穗期与成熟期，根系铁含量均有不同程度地降低，增施钾肥是发挥冷浸田生产潜力的有效措施（李清华等，2015）。研究认为鄂东南低山区冷浸田有效磷、有效钾含量低，该地区冷浸田适宜施肥量为 N $180kg/hm^2$、P_2O_5 $90\sim108kg/hm^2$、K_2O $120\sim144kg/hm^2$（徐祥玉等，2014）。皖南山区冷浸田水稻施磷以 $75kg/hm^2$ 为佳，可保证水稻各生育期适宜磷素累积量，增加分蘖数和穗实粒数，提高水稻产量，且施用钙镁磷肥效果优于施用过磷酸钙（张祥明等，2012）。徐培智等通过 3414 回归最优设计肥效试验，建议推荐水稻每 $666.7m^2$ 施肥量为氮肥 $11\sim13kg$，磷肥 $3\sim4kg$，钾肥 $8\sim11kg$（徐培智等，2012）。此外，施用适量中、微量元素肥料也是提升冷浸田水稻产量的重要措施。适量的 Ca^{2+} 供应能提高植物体内 SOD、POD 和 CAT 的活性或使之保持在较高水平，并使 MDA 含量维持在较低水平。另外，Ca^{2+} 能较好地提高粳稻对过量 Fe^{2+} 胁迫的耐性，增强了植株活性氧清除能力和对生物膜结构的稳定作用（蔡妙珍等，2003）。这预示着含钙质的矿物在改良冷浸田方面潜力较大。冷浸田增施锌肥的效果要优于硫肥，硫酸锌的效果要优于氧化锌，且增施锌肥提高了氮、磷、钾肥料利用率（苏金平等，2013）。

在冷浸田耕作方面，相比常规平作而言，垄作模式能显著促进大团聚体的形成，提高土壤温度，抑制水稻分蘖期后土壤亚铁含量的上升，减轻其对水稻根系的毒害作用，提高土壤酶活性，增加土壤速效养分含量。稻鱼共作模式对冷浸田土壤理化性状影响不显著，但能显著增加土壤速效养分含量，促进水稻生长发育，提高水稻产量（王思潮等，2014）。起垄 60d 后，土壤 Fe^{2+} 含量随着起垄高度增加而逐渐降低（徐祥玉等，2013）。熊又升等研究表明，冷浸田合适的免耕起垄高度为 15cm（熊又升等，2014）。工程排水与垄作相结合效果最明显，每季增产可达 $1.11\sim1.89t/hm^2$（李大明等，2015）。另外，起垄栽培结合湿润灌溉方式是适合冷浸田早稻增产的农水管理措施（刘杰等，2014）。

对潜育化程度较轻的冷浸田，采用水旱轮作是有效提升生产力的措施。向万胜等研究认为中轻度潜育化水稻土经过水旱轮作后，土壤体积质量、通气孔隙增加（向万胜等，1996）。青泥田采用玉米—水稻、油菜—水稻、蚕豆—水稻轮作模式的水稻收获期土壤锈纹锈斑丰度明显，各轮作模式下的耕层土壤水稳性大团聚体（>2mm）数量均较 CK 有不同程度降低，而微团聚体（<0.25mm）数量则相反；各轮作模式的土壤活性还原性物质含量逐渐下降，而速效养分含量呈上升趋势，土壤微生物生物量碳、氮、磷均得到不同程度增加，土壤理化生化性状得到改善，表现出脱潜特征，且轮作对提高作物总产量和经济效益效果显著（赵锋等，2010；古汉虎等，1995）。

一些改良剂有助于改善冷浸田理化性状，提高生产力。在强还原性土壤上施用过氧化物释氧物能明显改善土壤的氧化还原条件，减轻 Fe^{2+} 等还原物质对水稻的毒害，从而有利于水稻的正常生长发育，提高产量（王飞等，2015）。通过过氧化物等措施使根际增氧的响应大致表现为根系孔隙度下降、齐穗期根体积增大、根系活力提高；前期分蘖数增加较快，有效穗多；叶片叶绿素含量在齐穗后下降较慢，剑叶 SOD 和 POD 含量较高，MDA 含量较低；齐穗后叶片光合作用对穗部干物质积累贡献大（赵锋等，2010）。施用生物质焦能够提高冷浸田早期土温，促进水稻的生长发育，产量比对照增加 8.7%~14.8%（王文军等，2013）。在干湿交替条件下，粉煤灰和混合改良剂（粉煤灰+生物炭+聚丙烯酰胺）对 2 种类型冷浸田土壤大团聚体形成均表现促进作用（张志毅等，2015）。石灰和秸秆混合施用不仅显著提高土壤 Eh，而且降低土壤活性还原性物质和 Fe 含量，并达到显著增产的效果（张赓等，2014）；与纯施化肥相比，冷浸田中配施 20%生物有机肥（以 N 计），能够提升土壤养分，使土壤活性有机质增加 11.9%，产量提高 6.6%（孙耿等，2015）。基于荧光定量 PCR 技术表明，鸡粪堆肥可提高冷浸田氨氧化细菌与古菌丰度，并有助于提高氮肥有效性（Xie K Z et al，2015）。米糠对冷浸田土壤亚铁量有较好的削减作用，有利于提高水稻产量，可以作为改良剂（崔宏浩等，2015）。但有机肥施用是否进一步促进还原性物质的形成，还是能起到"起爆效应"？还有待进一步研究。

15.2.3 生物措施

筛选耐潜育性的水稻品种，可以在工程措施尚不能实施条件下起到较好的替代种植作用。各地的气候、土壤条件差异较大，在水稻品种的选择上，各地均有适宜的品种。一般而言，籼稻比粳稻和糯稻更能适应冷浸田的环境（王思潮等，2014）。在湖南宁乡县、桃源县、永兴县 3 地水稻品种筛选结果表明，早稻以"陆两优 996"和"陵两优 211"表现较好，晚稻以"钱优 1 号""天优华占"和"丰源优 299"表现较好（曾燕等，2010）。在荆江南北的潜育性稻田上，一般认为杂交水稻的适应性较强，水稻品种有"湘早籼""汕优 63""威优 64"等，油菜有"秦杂 2 号""中油 82"（赵美芝等，1997）。而对潜育性水稻品种评价方面，通过水培试验，明确了 Fe^{2+} 120mg/kg 为鉴别水稻品种耐性差异的适宜亚铁浓度，并提出可将苗高、根系生长量、根系氧化力、干物质产量作为水稻品种耐亚铁的鉴定指标（冯双华等，1996）。李达模等提出了耐潜育性的几个指标，包括根系生长量和幼穗分化期根系氧化力，分蘖早期茎蘖增长速率，分蘖后期单株干物质产量，乳熟期剑叶过氧化氢酶活性、潜育受害指数和光合强度等。以此为标准，筛选出耐潜育性强的"威优 49"杂交品种（李达模等，1992）。

15.2.4 其他利用方式

除了传统的水稻种植方式外，因地制宜利用是提高冷浸田综合生产力的有效措施。赵美芝等提出不同潜育化程度水稻土的利用方式，如针对重潜育化土壤，提出退田还湖、发展水生作物、垄稻沟鱼等利用模式，对于中等潜育化土壤，提出变传统的稻—稻种植为水旱轮作（赵美芝等，1997）。稻鱼共作模式对冷浸田土壤理化性状影响不显著，但能显著增加土壤速效养分含量，促进水稻生长发育，提高水稻产量（王思潮等，2014）。

15.3 冷浸田改良利用展望

我国现有低产水稻土面积超过 1/15 亿 hm^2，若将现有低产水稻土每 666.7m^2 产量由平均 300~400kg 增加到 400~500kg，则能够新增 100 亿 kg 粮食，对保障我国新增 500 亿 kg 粮食目标的实现意义重大（周卫等，2014）。与一般中低产田不同，冷浸田土壤有机质含量高，施肥增产效应明显高于非冷浸田（王飞等，2013），增产潜力巨大。研究改良利用冷浸田，可以高效利用有限的耕地资源，对保障国家粮食安全、食品质量安全与生态环境安全具有深远的意义。近年来，各级政府部门也加大了耕地质量保护与提升建设力度，但由于各部门的农田基础设施建设项目主要集中在洋面田实施，有些田块多个部门重复建设，而山垅田（其中相当部分为冷浸田）的农田建设长期投入不足，改造标准不高，经济效益差，影响了农民耕作积极性。另外，土地流转和经营未理顺，以及对冷浸田改造利用模式技术集成度不够等问题，也是造成江南冷浸田面积仍然较大以及抛荒的重要原因。为此，今后冷浸田的改造与利用在以下几方面有待进一步加强。

（1）在应用基础研究方面：首先，研究不同渍水状态与干湿交替下土壤结构和土壤有机质组分差异，从理论上深入理解有机质质量对土壤结构、团聚体形成的贡献；其次，加强长期渍水状态的冷浸田甲烷排放特征研究，有助于加深对冷浸田农田碳循环的认识；最后，加强冷浸田潜育化过程厌气性的微生物与其产生的相关酶的生态学过程研究，包括有机质的累积与转化、养分的分解与吸附、土壤团聚体的形成与破坏，加强微生物学调控冷浸田改良研究。

（2）在集成技术模式方面：随着人们对冷浸田生态功能的认识逐渐加深与我国生态文明建设的推进，对冷浸田治理利用应树立大粮食的理念，结合农业结构调整，水资源的合理利用，因地制宜地应用工程技术、农业技术和生物技术，建立适宜区域农业发展的集成模式。针对不同生态类型与生产条件的冷浸田，应重点加强以下集成模式应用研究：①谷盆地低洼区冷浸田渍害治理与作物高产高效生产模式，适用对象为有一定水利基础的冷浸田，集成工程措施、适生品种、耕作轮作、平衡施肥、土壤改良剂等技术，以建设高标准农田、作物高产高效为目标；②丘陵山区冷浸田绿色（有机）稻米生产模式，适用对象为农田基础设施较差，排水条件薄弱、自然环境优越的冷浸田，集成简易开沟、适生品种、生态防控、磷钾养分平衡、垄畦栽培等技术，以生态高值大米、稻经轮作为目标；③冷浸田水生作物生态高值模式集成技术研究，适用对象为农田设施差，排渍不良，种植作物有区域特色的冷浸田，以发展莲藕（子）、茭白等水生作物，推广发展"稻—萍—鱼"或"稻—鱼"等模式，集成作物施肥、水分管理、病虫害管理等技术，以提高经济效益与生态效益为目标。

（3）在政策扶持方面：冷浸田治理利用是一项系统工程，涉及水利工程与农业技术、政策支持与管理措施，需要农业、农业综合开发、国土、水利、经营主体等部门协调配合、整合力量。其一，各级政府部门需要统筹各类农田基础建设资金，将 7hm^2 以上冷浸田列入国家和地方农田基础设施建设项目，加大投入，建设补助标准应高于非冷浸田，充分发挥农田建设资金功效；其二，出台引导和扶持工商企业、专业合作社、种植大户对冷浸田进行流转、租赁等治理利用相关政策，以发挥冷浸田治理与利用规模效益；其三，成立冷浸田治理利用专项资金，加强引导，将工程建设与农艺技术、生物技术有机结合起来，协同攻关，充分提高冷浸田农业综合生产能力和生态功能；其四，冷浸田类型多样，应制定不同冷浸田改造利用类型与对应改良质量评价的等级标准，这些标准应涵盖土壤地力、设施及机械化耕作等保障条件、生态与社会经济效益等指标，从而为冷浸田改良效果及质量评价提供依据。

参考文献

蔡妙珍，林咸永，罗安程，等 . 2002. 过量 Fe^{2+} 对水稻生长和某些生理性状的影响 [J]. 植物营养与肥料学报，8（1）：96-99.

蔡妙珍，罗安程，林咸永，等，2003. 过量 Fe^{2+} 胁迫下水稻的养分吸收和分配 [J]. 浙江大学学报：农业与生命科学版，29（3）：305-310.

蔡妙珍，罗安程，林咸永，等 . 2003. Ca^{2+} 对过量 Fe^{2+} 胁迫下水稻保护酶活性及膜脂过氧化的影响 [J]. 作物学报，29（3）：447-451.

柴娟娟，廖敏，徐培智，等 . 2012. 我国主要低产水稻冷浸田养分障碍因子特征分析 [J]. 水土保持学报，26（2）：284-288.

陈娜，廖敏，张楠，等 . 2014. Fe^{2+} 对水稻生长及土壤微生物活性的影响 [J]. 植物营养与肥料学报，20（3）：651-660.

陈士平，戴红霞 . 2000. 暗管排水改造山区冷浸田的效果 [J]. 浙江农业科学（2）：59-60.

陈正刚，徐昌旭，朱青，等 . 2014. 不同类型冷浸田 Fe^{2+} 对水稻生理酶活性的影响 [J]. 中国农学通报，30（12）：63-70.

崔宏浩，陈正刚，朱青，等 . 2015. 外源物对冷浸田土壤亚铁量及水稻产量的影响 [J]. 西南农业学报，28（1）：220-225.

邓绍欢，叶成龙，刘婷，等 . 2015. 南方地区冷浸田土壤线虫的分布特征 [J]. 土壤，47（3）：564-571.

冯双华，贾凌辉 . 1996. 水稻耐亚铁的水培鉴定指标研究 [J]. 热带亚热带土壤科学，5（2）：80-84.

福建省土壤普查办公室 . 1991. 福建土壤 [M]. 福州：福建科学技术出版社 .

古汉虎，向万胜，李玲 . 1997. 湿地农田"三沟"配套排水整体功能研究 [J]. 中国农业大学学报（S1）：130-134.

古汉虎 . 1995. 水旱轮作改良利用潜育化水稻土的研究 [J]. 热带亚热带土壤科学，4（2）：78-84.

何春梅，王飞，钟少杰，等 . 2015. 冷浸田土壤还原性有机酸动态及与水稻生长的关系 [J]. 福建农业学报，30（4）：380-385.

黄兆强 . 1996. 福建冷浸田的低产因素及其改良利用 [J]. 中国土壤与肥料（3）：13-15.

李达模，唐建军，苏以荣，等 . 1992. 湘中、湘东地区早籼稻耐土壤潜育性评价 [J]. 武汉植物学研究，10（2）：139-151.

李大明，余喜初，柳开楼，等．2015．工程排水和农业措施改良鄱阳湖区潜育化稻田的效果［J］．植物营养与肥料学报，21（3）：684-693．

李清华，王飞，林诚，等．2015．水旱轮作对冷浸田土壤碳、氮、磷养分活化的影响［J］．水土保持学报，29（6）：113-117．

李清华，王飞，林诚，等．2015．增施钾肥对冷浸田水稻生理及植株铁吸收累积的影响［J］．福建农业学报，30（3）：243-248．

林诚，王飞，李清华，等．2014．石砌深窄沟长期排水对冷浸田土壤C、N、P化学计量及酶活性的影响［J］．福建农业学报，29（10）：1010-1014．

林海波，朱青，陈正刚，等．2014．冷浸田中H_2S对水稻毒害作用及改良措施［J］．耕作与栽培（5）：43-44．

林增泉，陈家驹，郑仲登．1980．冷浸田的特性和改良途径［J］．福建农业科技（6）：4-6．

林增泉，徐朋，彭加桂，等．1986．冷浸田类型与改良研究［J］．土壤学报，23（2）：157-162．

刘杰，罗尊长，肖小平，等．2014．不同栽培和灌溉方式对冷浸稻田还原性物质及水稻生长的影响［J］．作物研究，28（5）：451-454．

鲁小春，夏国模．1985．潜育性水稻土酶活性的研究［J］．湖南农学院学报：自然科学版（4）：25-31．

邱珊莲，王飞，李晓燕，等．2012．福建冷浸田土壤微生物及养分特征分析［J］．福建农业学报，27（3）：278-282．

苏金平，范芳，谢杰，等．2013．增施中、微量元素肥料对冷浸性田水稻产量影响研究［J］．江西农业学报，25（8）：25-29．

孙耿，刘杰，罗尊长，等．2015．化肥配施生物有机肥对冷浸田土壤养分和水稻生长的影响［J］．湖南农业科学（10）：44-46．

王飞，李清华，林诚，等．2013．不同地形发育冷浸田水稻施肥响应特征［J］．福建农业学报，28（8）：802-806．

王飞，李清华，林诚，等．2014．福建典型冷浸田土壤活性有机C、N组分特征［J］．福建农业学报，29（4）：373-377．

王飞，李清华，林诚，等．2015．福建冷浸田土壤质量评价因子的最小数据集［J］．应用生态学报，26（5）：1461-1468．

王飞，李清华，林诚，等．2015．冷浸田水旱轮作对作物生产及土壤特性的影响［J］．应用生态学报，26（5）：1469-1476．

王飞，李清华，林营志，等．2014．冷浸田地下水位与农田小气候生境特征研究［J］．农业现代化研究，35（3）：353-356．

王飞，林诚，李清华，等．2015．长期深窄沟排渍对冷浸田地下水位、土壤化学特性及水稻籽粒品质的影响［J］．中国生态农业学报，23（5）：571-578．

王思潮，曹凑贵，李成芳，等．2014．鄂东南冷浸田不同中稻品种产量及生理研究［J］．湖北农业科学，53（16）：3736-3740．

王思潮，曹凌贵，李成芳，等 . 2014. 耕作模式对冷浸田水稻产量和土壤特性的影响 ［J］. 中国生态农业学报，22（10）：1165-1173.

王文军，张祥明，凌国宏 . 2013. 生物质焦对冷浸田水稻生长产量的影响 ［J］. 安徽农业科学，41（14）：6220-6221.

吴新德，戴延寿 . 1996. 安徽池州地区冷浸田的综合改良 ［J］. 土壤（2）：62-63.

向万胜，古汉虎 . 1997. 低湖区潜育性稻田施用钾肥的效应及对土壤氧化还原性状的影响 ［J］. 中国土壤与肥料（2）：32-34.

向万胜，李卫红，童成立，等 . 2002. 丘岗稻田地下水位动态及对土壤氮磷有效性的影响 ［J］. 生态学报，22（4）：513-519.

向万胜，李卫红，童成立 . 2000. 江汉平原农田渍害与土壤潜育化发展现状及治理对策 ［J］. 土壤与环境，9（3）：214-217.

向万胜，李卫红，童成立 . 2002. 红壤丘岗区潜育性稻田硫硅硼铜元素的有效性 ［J］. 土壤与环境，11（1）：53-56.

向万胜，周卫军，古汉虎 . 1996. CaO_2 等缓性释氧物改善土壤氧化还原条件的作用及对水稻生长的影响 ［J］. 土壤学报，33（2）：220-224.

谢晓梅，廖敏，张楠，等 . 2015. 外源 S^{2-} 抑制水稻生长及土壤微生物活性的半效应浓度研究 ［J］. 植物营养与肥料学报，21（5）：1286-1293.

熊又升，徐祥玉，张志毅，等 . 2014. 垄作免耕影响冷浸田水稻产量及土壤温度和团聚体分布 ［J］. 农业工程学报，30（15）：157-164.

徐培智，解开治，刘光荣，等 . 2012. 冷浸田测土配方施肥技术对水稻产量及施肥效应的影响 ［J］. 广东农业科学（22）：70-73.

徐祥玉，张敏敏，刘晔，等 . 2014. 磷钾调控对冷浸田水稻产量和养分吸收的影响 ［J］. 植物营养与肥料学报，20（5）：1076-1083.

徐祥玉，张志毅，王娟，等 . 2013. 起垄和施肥对冷浸田土壤氧化还原状况的影响 ［J］. 中国生态农业学报，21（6）：666-673.

曾希柏，张佳宝，魏朝富，等 . 2014. 中国低产田状况及改良策略 ［J］. 土壤学报，51（4）：675-682.

曾燕，黄敏，蒋鹏，等 . 2010. 冷浸田条件下不同类型品种的表现和高产栽培方式研究 ［J］. 作物研究，24（3）：140-144.

张赓，李小坤，鲁剑巍，等 . 2014. 不同措施对冷浸田土壤还原性物质含量及水稻产量的影响 ［J］. 中国农学通报，30（27）：153-157.

张敏敏，徐祥玉，张志毅，等 . 2015. 抛荒对冷浸稻田土壤团聚体及有机碳稳定性的影响 ［J］. 中国生态农业学报，23（5）：563-570.

张祥明，郭熙盛，王文军，等 . 2012. 不同磷源及用量对冷浸田水稻磷素吸收利用的影响 ［J］. 安徽农业科学，40（34）：16604-16606.

张杨珠，蒋有利，黄运湘，等 . 1998. 稻作制、有机肥和地下水位对红壤性水稻土磷的吸持作用的影响 ［J］. 土壤学报，35（3）：328-337.

张志毅，汤文娟，熊又升，等 . 2015. 改良剂对冷浸田土壤团聚体稳定性的影响

［J］. 华中农业大学学报，34（4）：37-43.

赵锋，王丹英，徐春梅，等. 2010. 根际增氧模式的水稻形态、生理及产量响应特征 ［J］. 作物学报，36（2）：303-312.

赵美芝，邓友军，马毅杰. 1997. 长江中游潜沼化土壤的限制因子及其对策研究 ［J］. 长江流域资源与环境，6（1）：18-23.

周卫. 2014. 低产水稻土改良与管理理论·方法·技术 ［M］. 北京：科学出版社.

朱鹤健. 1978. 挖掘南方山区渍水田土壤潜在肥力的问题 ［J］. 中国农业科学（1）：73-77.

Liu Z J, Zhou W, Li S T, et al. 2015. Assessing soil quality of gleyed paddy soils with different productivities in subtropical China ［J］. CATENA，133：293-302.

Qiu S L, Wang M K, Wang F, et al. 2013. Effects of open drainage ditch design on bacterial and fungal communities of cold waterlogged paddy soils ［J］. Brazilian Journal of Microbiology，44（3）：983-991.

Xie K Z, Xu P Z, Yang S H, et al. 2015. Effects of supplementary composts on microbial communities and rice productivity in cold water paddy fields ［J］. Journal of Microbiology and Biotechnology，25（5）：569-578.

附　录

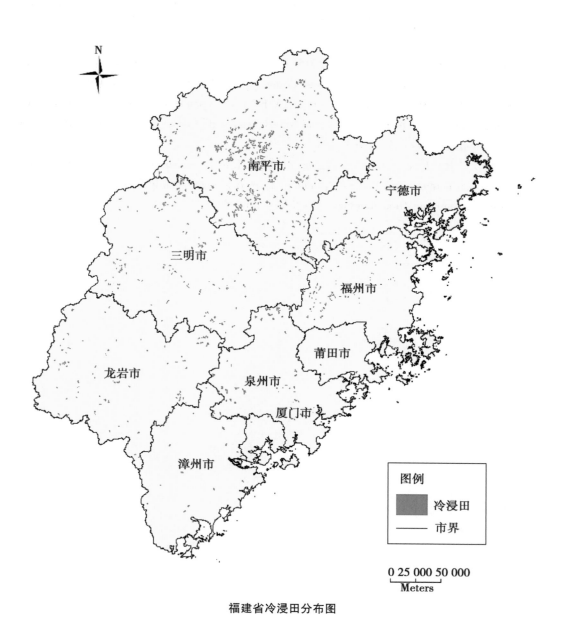

福建省冷浸田分布图

冷浸田改良与高效利用技术（图版）

冷浸田特性

冷浸田是指长期受水浸渍，造成"冷、烂、锈、瘦"为主要特征的一类中低水田。主要分布在山区丘陵谷地、平原潮沼低洼地，以及山塘、水库堤坝下部等区域。福建省冷浸田面积约16.7万hm²，占全省耕地面积的12%。

水温、土温低　　　土层烂　　　地表积水、多铁锈膜　　　赤枯病易发生　　　成熟期有效穗少

农业工程措施

类型	适用对象	规格与材料
明沟排水　截洪沟	沿坡麓地带或山田交界处，用于拦截坡面雨水径流；适用于深脚烂泥田和浅脚烂泥田	沟宽0.4~0.8m，沟深1.0~1.2m，采用混凝土或石砌
截水沟	地下冷泉溢出或锈水侧渗浸渍的田块内侧，用于排出冷锈水；适用于锈水田和冷水田	沟宽0.3~0.4m，沟深0.3~0.4m
导泉沟	地势险处或山泉溢出的，用于导出冷泉水；适用于深脚烂泥田和浅脚烂泥田，还可采用暗管排水	沟宽0.3~0.5m，沟深0.7~1.2m，采用混凝土（带导水孔）或石砌
排水沟	沿地势顺直布设，排地表水和地下水；适用于深脚烂泥田和浅脚烂泥田	主干沟沟宽0.8~1.5m，沟深0.7~1.2m，主干沟间距40~60m。支沟沟宽0.5~0.8m，沟深0.5~1.0m，支沟间距40~60m。主干沟、支沟均采用混凝土（带导水孔）或石砌
暗管排水　暗管+检查井	坡地易垮塌地带或地下水集中的区位，用于排除地下水；适用于深脚烂泥田	暗管：沿地形等高线间隔10~20m布设，埋藏深度0.9~1.2m，采用波纹管、PVC管等材料，暗管表面每隔0.1m打15mm洞口，并外扎透水土工布或石砌反滤。检查井：井径0.5~0.8m，井深1.2~1.5m，井间距≤50m，井内进水口应高于出水口0.1m，井底留下0.3~0.5m用于沉砂

石砌排水沟　　　混凝土排水沟　　　石砌排水沟示意图

注：在设计排水工程的同时，要考虑灌水工程。轮灌沟一般是在排水沟的基础上布置的，主要是改变直流漫灌（串灌）为迂回水路引水轮灌。

农艺与生物措施

月份	六		七		八		九		十
节气	芒种	夏至	小暑	大暑	立秋	处暑	秋分		寒露
	上 中 下	上 中 下	上 中 下	上 中 下	上				
品种与产量	选用高产优质耐潜品种：例如"中浙优1号"、"Ⅱ优494"等；目标产量7200kg/hm²								
生育时期	6月上旬播种，秧田期30d，7月上旬移栽，有效分蘖期：7月中旬~7月下旬（约20d）波节一幼穗期：8月上旬~8月下旬（约20d），齐穗一灌浆期：8月下旬~9月下旬（40d），成熟期：10月上旬，整个生育期120~130d								
栽插	秧龄25d，密度22.5万穴/hm²~24.0万穴/hm²，规格：23cm×23cm，每丛1株，结合垄畦栽培								
土壤改良	插秧前15d，结合犁田施入石灰1500~3000kg/hm²，腐熟有机肥3000kg/hm²；垄畦栽：畦宽0.9~1.0m，畦高10~15cm								
水分管理	在排水基础上，改浸冬为犁冬晒田；实行薄水返青，湿润分蘖，在有效分蘖结束后，立即进行烤田，排除田间地表水，烤田时间为10d左右，此后采用湿润灌溉方式，收获前20d停止灌水								
优化施肥	控氮增磷补钾，增施硼肥，磷肥105~150kg/hm²，N:P₂O₅:K₂O=1:0.6~0.8:1.0~1.2，磷肥100%做基肥，氮钾肥50%做基肥、50%作分蘖肥，基施硼砂15kg/hm²或孕穗期喷施0.1%硼砂液肥。在施用有机肥基础上，化肥减施20%~30%								
病虫害防治	幼苗期：（1）防治潜叶蝇：25%杀虫双兑水600倍；（2）防治纹枯病、稻曲病：5%井冈霉素兑水800倍。分蘖期：（1）防治稻瘟病：6%春雷霉素兑水1500倍；（2）防治稻飞虱：25%扑虱灵兑水600倍。孕穗期：（1）防治螟虫：45%福戈兑水2000倍								
水旱轮作	水利条件较好区域，可推行水旱轮作：油菜—水稻、春玉米—水稻、紫云英—水稻、蚕豆—水稻								

$N:P_2O_5:K_2O=1:0.6\sim0.8:1.0\sim1.2$

石灰、有机肥等土壤改良剂　　　控氮增磷补钾　　　轮作油菜（玉米、蚕豆等）　　　垄畦栽培

集成技术模式

类型	沿潮低洼区冷浸田渍害治理与作物高产高效生产模式	丘陵山区冷浸田绿色稻米生产模式	冷浸田水生物生态高值模式
对象	沿潮低洼区冷浸田	丘陵山区农田基础设施较差，自然环境优越的冷浸田	排渍不良、有区域性特色作物的冷浸田
配套技术	集成排渍工程、适生品种、耕作轮作、均衡施肥、土壤改良剂等技术，建设高标准农田	集成简易开沟、适生品种、生态防控、补磷增钾、垄畦栽培等技术，生产生态高值大米、稻经轮作	水稻—莲藕（子）、茭白—芋头、稻—（莘）—鱼（鸭）等

水稻—莲子　　　茭白—芋头

稻—鸭　　　优质稻（有机稻）

福建省农业科学院土壤肥料研究所 编制

ICS 65.020.20

B05

DB35

福 建 省 地 方 标 准

DB35/T 1376—2013

冷浸田类型划分与改良利用技术规范

Technical specification of type division and improvement utilization
for cold waterlogged paddy field

2013-12-04 发布

2014-03-01 实施

福建省质量技术监督局　　发　布

前　言

本标准按照 GB/T 1.1—2009《标准化工作导则　第 1 部分：标准的结构和编写》给出的规则起草。

本标准由福建省农业厅提出并归口。

本标准起草单位：福建省农业科学院土壤肥料研究所。

本标准主要起草人：林新坚、李清华、王飞、林诚、何春梅、李昱、邱珊莲、叶伟建、余广兰、刘光荣。

冷浸田类型划分与改良利用技术规范

1 范围

本标准规定了冷浸田类型划分、工程改良、农业改良利用和其他利用方式。

本标准适用于福建省冷浸田类型划分和改良利用。

2 规范性引用文件

下列文件对于本文件的应用是必不可少的。凡是注日期的引用文件，仅注日期的版本适用于本文件。凡是不注日期的引用文件，其最新版本（包括所有的修改单）适用于本文件。

NY/T 2148—2012 高标准农田建设标准

DB35/T 165—2002 基本农田建设设计规范

3 术语和定义

下列术语和定义适用于本标准。

3.1 冷浸田

常年冷泉水淹灌或终年积水，土体存在"冷、渍、烂、锈"等为主要障碍特征的一类水田。

3.2 诊断层

用于鉴别土壤类型，在性质上有一系列定量说明的土层。

3.3 诊断特性

用于定量鉴别土壤性质的依据。

3.4 土壤潜育化

土壤长期滞水、有机质嫌气分解，铁锰还原强烈，形成灰蓝—灰绿色土层的过程。

3.5 截洪沟

沿坡麓地带或山田交界区域，开挖用于拦截坡面雨水径流的环山沟。

3.6 截水沟

在有地下冷泉水溢出或锈水侧渗浸渍的田块内侧，为排出冷锈水而建的沟。

3.7 导泉沟

在地势低洼泉水溢出处,导出冷泉水的明沟。

3.8 排水沟

沿地势低洼处,开挖可自流排除地表水和地下水的沟。

3.9 暗管

用于排除地下水的地下管道。

3.10 检查井

设在地下暗管交汇、转弯、管径或坡度改变等处的井状工程。

3.11 垄畦栽

聚集耕层表土成垄状或畦状进行栽培。

4 类型划分

冷浸田的类型划分见表1。

表 1 类型划分

项目	深脚烂泥田	浅脚烂泥田	冷水田	锈水田	青泥田
地形部位	山垄低洼地,支垄交汇处,坡脚泉眼涌出处,原坑塘或旧河道填方处	山地丘陵间山垄低地,山脚低地,常年浸冬梯田	山地丘陵间狭窄山坑梯田	山脚或高坎下地下水溢出或泉眼涌出区域	山前倾斜平原交接洼地及冲积平原低凹地、山垅谷地烂泥田开沟排水治理区
水文地质	地表积水或浅位地下水常年涝渍	常年引山涧水或溪水,长期地表积水串流漫灌,地下水位在0.4m以下	山涧冷泉水串灌	侧向漂洗地下水或泉水浸渍	地表排水不便,浅中位地下水浸润
成土母质	坡积物、洪积物、堆积物	坡积物、洪积物	坡积物	坡积物、洪积物	冲洪积物、坡积物、堆积物
主要成因	常年地下水浸渍,土体强潜育化	常年地表水浸渍,土体表层土壤潜育化	山高林荫日蔽,光照短,冷泉水串灌,季节性土壤表层潜育化	漂洗地下水或泉水常年浸渍,土体上层土壤潜育化	土体排水不良,脱潜不彻底,土体下层土壤潜育化

145

（续表）

项目	深脚烂泥田	浅脚烂泥田	冷水田	锈水田	青泥田
诊断层、诊断特性及土体构型	青灰色烂泥层厚度≥0.3m，$A_{(g)}^{1,2}-G^3$	青灰色烂泥层厚度<0.3m，$A_{(g)}-G$ 或 $A_{(g)}-P_{(g)}^4-G$	水土温度低，犁底层下为潜育层，$A_{(g)}-P_{(g)}-G$ 或 $A_g-P_{(g)}-C^5$	水层表面有铁锈膜，表土层有絮状胶体淀积，$A_{(g)}-P_{(g)}-G$ 或 $A_g-P_{(g)}-C_5$	土体尚存潜育特性，但出现潴育化雏形特性，$A_{(g)}-P_{(g)}-G$ 或 $A_{(g)}-P_{(g)}-C_5$

注：1：A 指耕作层
注：2：g 指因氧化还原交替而形成的锈斑纹
注：3：G 指潜育层
注：4：P 指犁底层
注：5：C 指母质层

5 工程改良

5.1 排水工程①

5.1.1 截洪沟

截洪沟的大小应视集雨面积，按 5 年一遇排洪标准计算确定。沟宽 0.4~0.8m，沟深 1.0~1.2m，采用混凝土或砌石衬砌防护。

5.1.2 截水沟

沟深 0.3~0.4m，沟宽 0.3~0.4m。

5.1.3 导泉沟

沟宽 0.3~0.5m，沟深 0.7~1.2m，应采用石块干砌。

5.1.4 排水沟

排水沟的大小、密度应根据冷浸田分布地段、面积大小、地表水和地下水位的控制要求而定，主干沟沟宽 0.8~1.5m，深 1.0~1.5m，主干沟沟距 40~60m。田间排水支沟根据地形、流量和落差而定，垄面较窄的开"十"字形沟，垄面较宽的呈"非"字形布局，做到沟沟相通。支沟宽 0.5~0.8m，深 0.5~1.0m，支沟沟距 40~50m。在支沟出口处，设置闸门，使支沟起到蓄水和排水功能。

5.2 暗管排水

5.2.1 一般要求

坡地易垮塌地带或地下水集中的区域宜采用暗管排水。

---

① 指排除地表水和降低地下水位，开挖"截洪沟、截水沟、导泉沟、排水沟"，排出"山洪水、冷泉水、毒锈水、串灌水"。

5.2.2 暗管

山垄田暗管宜沿地形等高线间隔 10～20m 布设，可采用波纹管、PVC 管等材料，管径大小视出水量而定，埋藏深度 0.9～1.2m。暗管管材渗水面每隔 0.1m 打 15mm 洞口，并处扎滤井布或土工布反滤。

5.2.3 检查井

井径 0.5～0.8m，井深 1.2～1.5m，井内进水口应高于出水口 0.1m，井底留下 0.3～0.5m 沉沙深度。明式检查井顶部应加盖保护，暗式检查井顶部覆土厚度不小于 0.5m，检查井间距不大于 50m。

5.3 排水工程组装应用

排水工程组装应用见表 2。

表 2　排水工程组装应用

类型	排水工程
深脚烂泥田	开挖"截洪沟、导泉沟、排水沟"或采用"埋暗管+检查井"
浅脚烂泥田	开挖"截洪沟、导泉沟、排水沟"
锈水田	开挖"截水沟"
冷水田	开挖"截水沟"，改串灌为轮灌
青泥田	清淤沟道，加深"排水沟、导泉沟"

5.4 灌溉工程

按 NY/T 2148—2012 执行。

5.5 道路工程

按 DB35/T 165—2002 执行。

5.6 田块整理

平坦谷地冷浸田，田块相对高差<0.5m，宜整成田面宽度 20～30m 以上的条田或格田；山垄冷浸田，田块相对高差≥0.5m，顺山坡地形，将不规则田块调整成田面宽度 3～10m 以上的等高水平梯田，田块面积控制在 300m² 以上。

6. 农业改良利用

基于工程改良，农业改良利用见表 3。

表3　农业改良利用

项目	暖地[1]	温地[2]	凉地[3]
水稻熟制	单、双季稻	单、双季稻	单季稻
轮作制度	早稻—晚稻—油菜、大豆—晚稻、早稻—晚稻—紫云英、玉米—中稻、蔬菜—中稻、烤烟—晚稻、再生稻	早稻—晚稻—油菜、大豆—晚稻、早稻—晚稻—紫云英、蔬菜—中稻、烤烟—晚稻、再生稻	蔬菜—中稻
水肥管理	绿肥、秸秆还田；增施有机肥、磷钾肥；水稻采用湿润灌溉		
耕作改良	干耕晒田（犁冬晒垡）、深耕改土；垄畦栽		

注1：指位于北纬23°30′~25°30′、海拔<600m，北纬25°30′~26°30′、海拔<400m，北纬26°30′~28°30′、海拔<300m

注2：指位于北纬23°30′~25°30′、海拔600~800m，北纬25°30′~26°30′、海拔400~600m，北纬26°30′~28°30′、海拔300~500m

注3：指位于北纬23°30′~25°30′、海拔>800m，北纬25°30′~26°30′、海拔>600m，北纬26°30′~28°30′、海拔>500m

7　其他利用方式

其他利用方式见表4。

表4　其他利用方式

类型	其他利用方式
深脚烂泥田	温地或暖地区域可种植茭白、泽泻、莲藕等水生经济作物；挖塘抬田，建立"田基鱼塘"方式
浅脚烂泥田	温地或暖地区域可种植茭白、莲子、泽泻、莲藕等水生经济作物；垄畦栽、水旱轮作
锈水田	温地或暖地区域可种植茭白、莲子、泽泻、莲藕等水生经济作物
冷水田	发展"稻—鸭"或"稻—鱼"模式
青泥田	温地或暖地区域可种植茭白、莲子、泽泻、莲藕等水生经济作物；垄畦栽、水旱轮作